融合型·新形态教材
复旦社云平台　fudanyun.cn

陈雅芳　颜晓燕·总主编

U0730972

婴幼儿心理发展

主　编　孙　蓓

副主编　刘婉萍

编　者　孙　蓓　刘婉萍　姚　瑶　岳伟伟

复旦大學出版社

内容提要

本书依据婴幼儿托育领域专业人才培养需求，紧密围绕《托育机构保育指导大纲（试行）》要求，深入分析岗位职业能力，以典型工作任务为核心，精心构建四大项目共十四个任务的学习内容。各任务均涵盖案例导入、内容阐释、育儿宝典、任务思考四大板块，适应行业专业化趋势，确保专业能力培养方向与岗位实际要求对应，促进学习者为婴幼儿提供科学的心理发展支持。

全书开篇系统讲解婴幼儿心理发展基本知识，包含发展内容、研究方法及不同阶段典型特点；随后深入剖析婴幼儿动作和言语发展、认知能力发展、情绪情感与社会性发展等关键领域　详细阐述各阶段发展特征，并针对性提出科学有效的促进策略。全面、系统的学习内容将助力学习者树立科学育儿观念，实现从传统保育思维向全面促进婴幼儿心理、认知及社会适应能力发展理念的转变，优化照护与教育实践，促进婴幼儿的安全依恋与心理健康。

本书配套资源完备，配备微课视频、教学课件、在线练习等学习素材。学习者可刮开书后二维码涂层，扫码登录"复旦社云平台（www.fudanyun.cn）"查看、获取，满足多样化学习需求。

本教材适用于婴幼儿托育、早期教育、学前教育等专业学生，也可供托育机构、幼儿园从业者及相关保健人员参考使用。

"婴幼儿教养系列教材"编委会

总 主 编： 陈雅芳　颜晓燕

副总主编： 许琼华　洪培琼

高等院校委员：

曹桂莲　林　娜　孙　蓓　刘丽云　刘婉萍　许　颖　孙巧峰　公燕萍　林　競

邓诚恩　郭俊格　许环环　谢亚妮　练宝珍　张　洋　姚丽娇　柯　瑜　黄秋金

冯宝梅　洪安宁　林晓婷　候松燕　郑丽彬　王　凤　戴巧玲　夏　佳　林淳淳

行业企业委员：

陈春梅（南安市宏翔教育投资有限公司教学顾问、泉州工程职业技术学院继续教育学院副院长）

李志英（泉州幼儿师范高等专科学校附属东海湾实验幼儿园党支部书记、园长）

黄阿香（泉州幼师附属幼儿园党支部书记、园长）

欧阳毅红（泉州市丰泽幼儿园党支部书记、园长）

褚晓瑜（泉州市刺桐幼儿园党支部书记、园长）

吴聿霖（泉州市丰泽区教师进修学校幼教教研室主任）

郑晓云（泉州市丰泽区实验幼儿园党支部书记）

李嫣红（泉州市台商区湖东实验幼儿园党支部书记、园长）

陈丽坤（晋江市实验幼儿园党支部书记、园长）

何秀凤（晋江市第二实验幼儿园党支部书记、园长）

柯丽容（晋江市灵源街道灵水中心幼儿园园长）

张珊珊（晋江市灵源街道林口中心幼儿园园长）

王迎迎（晋江市金井镇毓英中心幼儿园园长）

庄妮娜（晋江市明心爱萌托育集团教学总监）

孙小瑜（泉州市丰泽区信和托育园园长）

庄培培（泉州市海丝优贝婴幼学苑教学园长）

林文勤（泉州市博博宝贝托育服务有限公司园长）

郑晓燕（福建省海丝优贝托育服务有限公司园长）

黄巧玲（福州鼓楼国投润楼教育小茉莉托育园园长）

林远龄（厦门市实验幼儿园党支部书记、园长）

钟美玲（厦门市海沧区实验幼儿园党支部书记、园长）

黄小立（厦门市翔安教育集团副校长）

简敏玲（漳州市悦芽托育服务中心园长）

复旦社云平台
数字化教学支持说明

为提高教学服务水平，促进课程立体化建设，复旦大学出版社建设了"复旦社云平台"，为师生提供丰富的课程配套资源，可通过"电脑端"和"手机端"查看、获取。

【电脑端】

电脑端资源包括PPT课件、电子教案、习题答案、课程大纲、音频、视频等内容。可登录"复旦社云平台"（fudanyun.cn）浏览、下载。

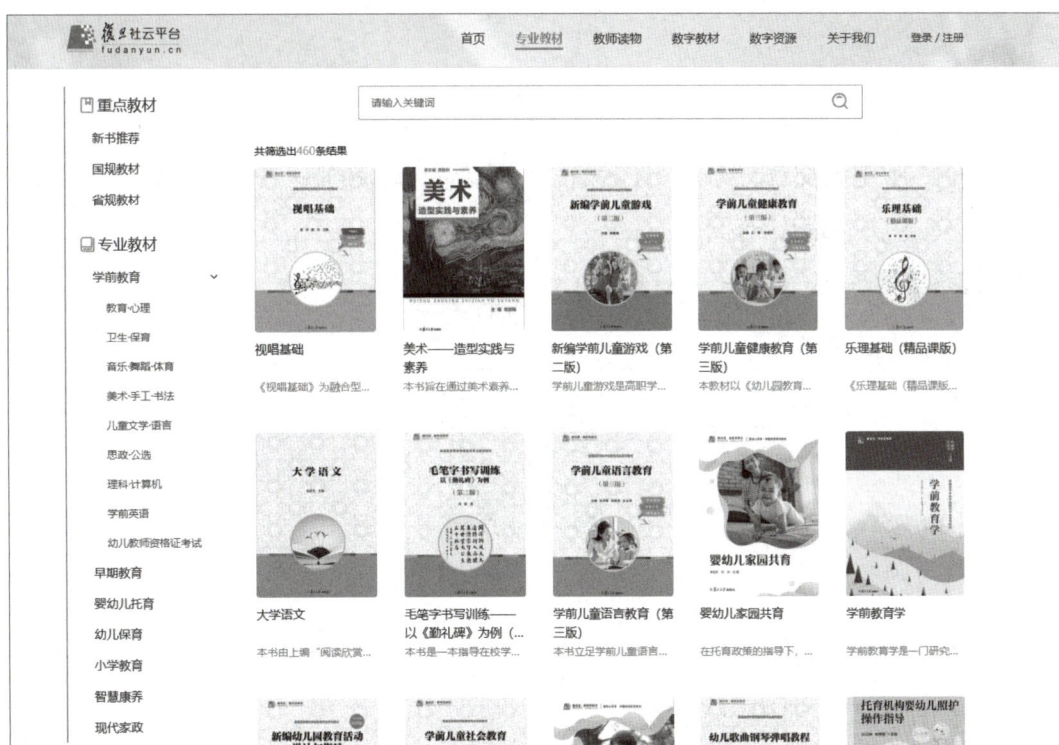

Step 1 登录网站"复旦社云平台"（fudanyun.cn），点击右上角"登录／注册"，使用手机号注册。

Step 2 在"搜索"栏输入相关书名，找到该书，点击进入。

Step 3 点击【配套资料】中的"下载"（首次使用需输入教师信息），即可下载。音频、视频内容可点击【数字资源】，搜索书名进行浏览。

📱【手机端】

PPT 课件、音视频、阅读材料：用微信扫描书中二维码即可浏览。

扫码浏览

📖【更多相关资源】

更多资源，如专家文章、活动设计案例、绘本阅读、环境创设、图书信息等，可关注"幼师宝"微信公众号，搜索、查阅。

平台技术支持热线：029-68518879。

"幼师宝"微信公众号

✏️【本书配套资源说明】

1. 刮开书后封底二维码的遮盖涂层。

2. 使用手机微信扫描二维码，根据提示注册登录后，完成本书配套在线资源激活。

3. 本书配套的资源可以在手机端使用，也可以在电脑端用刮码激活时绑定的手机号登录使用。

4. 如您的身份是教师，需要对学生使用本书的配套资料情况进行后台数据查看、监督学生学习情况，我们提供配套教师端服务，有需要的教师请登录"复旦社云平台"（fudanyun.cn），点击"教师监控端申请入口"提交相关资料后申请开通。

　　人生百年，立于幼学。0～3岁婴幼儿的早期教育与照护是学前教育与终身教育的开端，不仅关系着儿童的健康成长，也关系到千家万户的幸福和谐与国家未来人才的综合素质。习近平总书记指出，要大力发展普惠托育服务体系，显著减轻家庭生育、养育及教育负担。党的二十大报告指出：深入贯彻以人民为中心的发展思想，在幼有所育上持续用力。坚持以推动高质量发展为主题，建设教育强国，办好人民满意的教育。2022年7月，国家卫生健康委、国家发展改革委等17部门联合印发《关于进一步完善和落实积极生育支持措施的指导意见》，也明确提出提升托育服务质量。在此背景下，国家迫切需要建设一支"品德高尚、富有爱心、敬业奉献、素质优良"的婴幼儿照护服务队伍，开展托幼专业师资人才培养培训并编写相应的专业教材成为当务之急。泉州幼儿师范高等专科学校在2014年编写了"0～3岁儿童早期教育"系列教材，在此基础上，我们再次组织高校、幼儿园和托育机构的教师团队，对本套丛书进行编写和修订。

　　本丛书以习近平新时代中国特色社会主义思想为指导，贯彻落实党中央关于托育工作的决策部署，依据国务院办公厅《关于促进3岁以下婴幼儿照护服务发展的指导意见》（国办发〔2019〕15号）、《托育机构保育指导大纲（试行）》（国卫人口发〔2021〕2号），国家卫生健康委办公厅关于印发《3岁以下婴幼儿健康养育照护指南（试行）》（国卫办妇幼函〔2022〕409号）、《托育从业人员职业行为准则（试行）》（国卫办人口函〔2022〕414号）等政策要求，全面落实立德树人根本任务，通过教材建设，满足专业人才培养需求。本套教材拟从以下三方面回应当前托育发展的现状。一是破解托育服务行业快速发展与专业人才供给不足的矛盾，为婴幼儿教育提供可持续、专业化的服务和指导。二是弥补高校早期教育、托育服务专业教材系列化的缺失，助推人才培养，建立与托育服务产业链相配套的人才链，为各院校提供前沿教材参考，从人才培养的源头保障托育服务专业化水平的提升。三是助力解决公办托育一体化服务、社区配套托育服务中科学养育方案和教材内容欠缺等难题，助推"托幼一体化"模式和多形式普惠托育服务模式形成，促进托育机构多样化健康发展。

　　本丛书依照中华人民共和国国家标准《0～3岁婴幼儿居家照护服务规范》《家政服务母婴护理服务质量规范》，对照教育部《早期教育专业教学标准》《婴幼儿托育服务与管理专业教学标准》，融合思政教育，对接工作岗位，以任务驱动、问题导向的岗课赛证贯通的体系编排内容，呈现"项目导读、学习目标、知识导图、案例导入、内容阐释、育儿宝典、任务思考、实训实践、赛证链接"的编写体例，突出职业性、科学性与实用性三大特色。此外，教材还内置二维码链接视听资源、课程资源与典型案例，形成数字化教材体系，支持线上线下混合式教学。实现纸质教材 ＋ 数字资源的结合，体现"互联网 ＋"新形态一体化教材的编写理念。

　　本丛书组建专业编写团队，汇聚学前教育、早期教育和托育服务与管理专业的专家学者，联合高职高专院校、幼儿园、早教和托育机构等相关教师参与编写,共同打造涵盖0~3岁婴幼儿"卫生保健、心理发展、早期教育、环境创设、营养喂养、动作发展、言语发展、游戏指导、艺术启蒙、情感与社会性发展、观察评价、亲子活动、家庭教养"等14本系列教材,体现专业性、系列化和全视域特点。

本丛书中的8本教材《婴幼儿卫生与保健》《婴幼儿心理发展》《早期教育概论》《婴幼儿亲子活动设计与指导》《婴幼儿游戏指导》《婴幼儿活动设计与指导(动作发展)》《婴幼儿活动设计与指导(言语发展)》《婴幼儿活动设计与指导(艺术启蒙)》,历经十余年教学实践检验后,结合当代托育服务新理念进行全新修订;另6本教材《婴幼儿科学营养与喂养》《婴幼儿活动设计与指导(社会性发展)》《婴幼儿活动设计与指导(综合版)》《婴幼儿行为观察与发展评价》《婴幼儿教养环境创设与利用》《婴幼儿家庭教养指导与咨询》则是最新编写,能够较好地融合校企合作、双元育人的有效做法,体现理论与实践密切结合的特点。

本丛书由陈雅芳、颜晓燕担任总主编,许琼华、洪培琼担任副总主编,统筹全书策划与审校工作。各本教材的主编分别为:洪培琼、许环环主编《婴幼儿卫生与保健》、孙蓓主编《婴幼儿心理发展》、刘丽云主编《早期教育概论》、林娜主编《婴幼儿科学营养与喂养》、陈春梅主编《婴幼儿活动设计与指导(动作发展)》、颜晓燕主编《婴幼儿活动设计与指导(言语发展)》、公燕萍主编《婴幼儿活动设计与指导(艺术启蒙)》、许琼华主编《婴幼儿活动设计与指导(社会性发展)》、邓诚恩主编《婴幼儿活动设计与指导(综合版)》、曹桂莲主编《婴幼儿亲子活动设计与指导》、孙巧锋主编《婴幼儿游戏指导》、许颖主编《婴幼儿行为观察与发展评价》、林竞主编《婴幼儿教养环境创设与利用》、郭俊格主编《婴幼儿家庭教养指导与咨询》。

本丛书符合职前早期教育、托育服务与管理等专业课程的开设需求,符合职后相关教育工作者职业能力的发展需求,同时也为家长提供科学育儿参考,适宜高校教师和学生,早教和托育机构的教育工作者、研究者以及广大家长使用。

打造高品质的专业教材是编写组的初衷,助力广大学生、教师和家长共同守护婴幼儿的健康发展是编写组不变的初心!由于编者水平有限,书中存在不妥之处,恳请读者批评指正!

"婴幼儿教养系列教材"编写组

前 言

在人生的最初几年里，婴幼儿经历了从混沌初开到逐步认知世界的奇妙旅程。这段时期不仅是他们生理发育的关键时期，更是奠定心理发展基础的黄金阶段。父母、教育工作者或是对婴幼儿心理发展感兴趣的读者，无不渴望深入了解这一神秘而又充满魅力的过程，以便更好地引导和支持婴幼儿的健康成长。自2019年以来，随着国务院办公厅和国家卫生健康委员会颁布的一系列婴幼儿照护服务和托育机构设置与管理政策法规的落地，国家政府及社会大众对婴幼儿照护的关注和投入都不断增加，婴幼儿照护日益受到重视，早教、托育机构如雨后春笋般涌现，相关从业人员队伍也愈发壮大。无论是个体健康成长的需要、父母的期望，还是社会的广泛关注、党和国家的高度重视，都对婴幼儿心理发展研究提出了迫切的要求。那么，婴幼儿的心理发展遵循何种规律？各年龄段婴幼儿的典型心理特征是什么？这些规律与特征对科学教养有怎样的启示？深入研究和掌握婴幼儿心理发展的特点和规律是实施科学保育、实现高质量照护的关键前提，而本书正是从婴幼儿心理研究的基本方法、婴幼儿动作与言语发展、婴幼儿认知发展、婴幼儿情绪和社会性发展等方面，全面深入地探讨了婴幼儿的心理发展阶段和特点。

本书不仅从科学的角度解析了婴幼儿心理发展的基本理论和最新研究成果，还结合早教、托育机构生动的实例和实用的育儿建议，帮助读者将理论知识转化为实际操作。无论你是希望更好地照顾自己孩子的家长，还是致力于婴幼儿心理发展的专业人士，或是仅仅对这一领域充满好奇的读者，都能从本书中获得宝贵的启示和帮助。

全书由孙蓓主编、刘婉萍副主编制定编写计划，编写者共同讨论编写细节并分工撰写。在此，也要特别感谢泉州幼儿师范高等专科学校心理学课程组的洪培琼、许颖、张婉莹、练宝珍、谢亚妮、姚丽娇等老师，为该教材提供了视频资源。全书共包括四个项目：项目一为婴幼儿心理发展的基本知识，项目二为婴幼儿动作和言语的发展，项目三为婴幼儿认知能力的发展，项目四为婴幼儿情绪情感与社会性的发展。编写中，我们参考了"发展心理学""学前儿童心理学""家庭教育""学前卫生学""学前儿童游戏"等相关学科的资料，结合早教、托育机构和家庭教养的实例，力求达到科学性、系统性、实用性的有机统一，正好适应了我国当前托育事业蓬勃发展的需要。

本书以启蒙和促进0～3岁婴幼儿心理发展为宗旨，以0～3岁婴幼儿心理发展的有关知识、指导要点为主要内容，以游戏为主要媒介，是一本适用较广的专业书籍。不仅适用于早期教育、婴幼儿托育、婴幼儿托育服务与管理等职业院校相关专业的人才培养，而且适用于托育机构、早教机构、幼儿园等婴幼儿照护服务机构专业人员在与婴幼儿互动和保育照顾工作中参考借鉴，以及家庭日常照护的养育指南。

尽管我们很努力,但由于知识、精力等各方面的不足,书中难免出现不足之处,敬请广大专家、同行和读者不吝指正。

孙　蓓

目 录

项目一 婴幼儿心理发展基本知识

项目导读

　　婴幼儿心理发展是早期教育和托育服务的核心内容,理解其基本知识是从事相关工作的基础。本项目通过三个任务系统介绍婴幼儿心理发展的基本概念、研究方法和典型特点。任务一从婴幼儿心理发展的对象、内容和意义入手,帮助学习者明确婴幼儿心理发展的研究范围和重要性。任务二将介绍研究婴幼儿心理发展的基本原则和具体方法,如观察法、实验法和访谈法,帮助学习者掌握科学的观察和分析工具。任务三则分年龄段(0~1岁、1~2岁、2~3岁)详细分析婴幼儿的典型心理特征,揭示其心理发展的阶段性规律。

　　通过学习本项目,学习者将全面了解婴幼儿心理发展的基础知识,为后续深入学习婴幼儿心理发展的具体领域奠定理论基础,同时也为实践提供科学指导,帮助学习者在早期教育和托育服务中更好地支持婴幼儿的全面发展。

学习目标

　　1. **知识目标**:了解婴幼儿心理发展的研究对象、内容和意义;掌握婴幼儿心理发展的基本原则和具体方法;了解并区分各年龄段婴幼儿心理发展的典型特点。

　　2. **能力目标**:能采取科学适宜的方法对婴幼儿心理发展水平进行研究;辨析婴幼儿心理发展的典型特点。

　　3. **素养目标**:尊重婴幼儿的年龄特点,关注个体差异,促进其全面发展。

知识导图

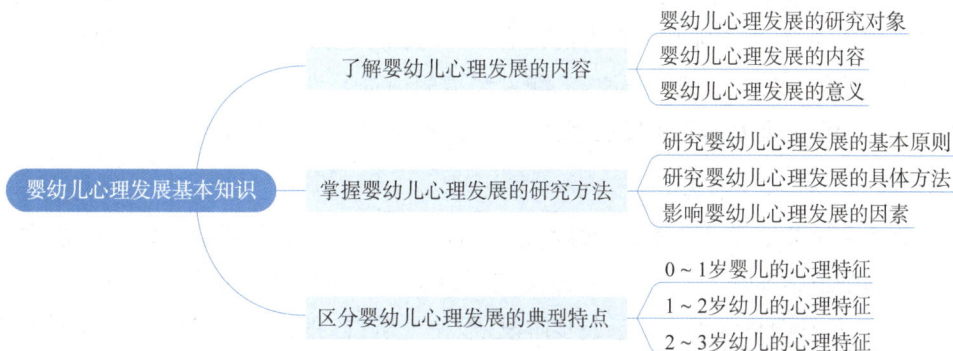

婴幼儿心理发展基本知识
- 了解婴幼儿心理发展的内容
  - 婴幼儿心理发展的研究对象
  - 婴幼儿心理发展的内容
  - 婴幼儿心理发展的意义
- 掌握婴幼儿心理发展的研究方法
  - 研究婴幼儿心理发展的基本原则
  - 研究婴幼儿心理发展的具体方法
  - 影响婴幼儿心理发展的因素
- 区分婴幼儿心理发展的典型特点
  - 0~1岁婴儿的心理特征
  - 1~2岁幼儿的心理特征
  - 2~3岁幼儿的心理特征

任务一　了解婴幼儿心理发展的内容

案例导入

　　形形两岁了,父母越发着急地关注起她的教育问题了。爸爸认为,应该加强语言和思维的培养,不能输在起跑线上;妈妈坚持行为习惯培养和个性的塑造。针对形形这个年龄阶段,她的心理发展包含哪些内容呢? 有哪些特点呢?

一、婴幼儿心理发展的研究对象

　　在开启这门课程的学习之前,我们首先要关注的是婴幼儿心理发展要研究的是什么? 婴幼儿心理发展是以 0～3 岁婴幼儿的各种心理现象为研究对象,重在讨论其发生、发展的特点和规律,并研究如何促进其健康发展的有效方式的一门科学。

　　作为心理学的分支,婴幼儿心理发展在逻辑上从属于发展心理学。它是研究 0～3 岁婴幼儿心理发展规律的科学。这一时期是人的各种心理现象发生、形成和发展的重要时期,也是发展最为迅速的时期,奠定了人一生心理发展的基础。

二、婴幼儿心理发展的内容

　　由于 0～3 岁的婴幼儿处于人的心理发生和发展的前期,其心理的变化和成长较为迅速、复杂,因此所涉及的内容也较为广泛,主要包括:

(一) 心理发展的特征

　　0～3 岁婴幼儿心理发展具有一定的顺序性和阶段性,不同年龄阶段婴幼儿的心理发展,具有不同的表现形式和特点。本书将围绕婴幼儿心理发展特点和规律,分别从 0～1 岁、1～2 岁、2～3 岁三个阶段进行阐述。

(二) 动作和语言的发展

　　0～3 岁婴幼儿的动作和语言从无意识到有意识,发展极为迅速,日趋熟练的动作运用和积极的言语互动给婴幼儿的心理发展带来了翻天覆地的变化,心理层面的同步发展也调节着动作和语言的发展。

(三) 认知的发展

　　认知是人的最基本的心理过程之一,外界的信息输入大脑,经过一系列的加工处理,转化成内在的心理活动,从而支配和左右人的行为。人的认知包括感知觉、注意、记忆、想象和思维等。婴幼儿时期的认知发展是认识事物、融入环境的前提条件。因此本书关于这一部分的内容主要描述各种认知要素的发生发展规律,并提供相应的调节、促进方法。

(四) 情绪和社会性的发展

　　学习管理和调节情绪是个体保持愉悦心境、社会适应良好的重要前提之一。婴幼儿的心理和行为容易受情绪影响,情绪起伏大,依恋正在形成,需要得到更多关心与爱护。尽管婴幼儿个性尚未形成,社会化水平也处于起步阶段,但在气质、自我意识等方面已经表现出了明显的倾向性,亲子交往和同伴交往也陆续出现,分析并把握婴幼儿在此方面的发展特点,无论是对婴幼儿身心健康成长,还是对家长养育、教师开展教育工作都是十分必要的。

三、婴幼儿心理发展的意义

为什么要了解、学习婴幼儿心理的发展呢? 这门课程对家长、托育工作者乃至相关从业人员具有什么重要意义呢?

(一)揭示规律,促进健康成长

婴幼儿心理发展的首要工作是描述婴幼儿心理发展的事实,即通过观察、调查等方法收集婴幼儿心理发展的各种现象发生、发展的基本情况,在掌握这些心理发展特点的基础上,进一步探讨其心理发展的特点和规律。婴幼儿心理的发生、发展既有一般的顺序或规律,也有其年龄特征。婴幼儿并不是一开始就具备了人类的各种心理过程,其发展具有一定的顺序性和阶段性。这些顺序和发展方向带有客观规律性,是不以人们的意志为转移的,每个年龄段都表现出了其特有的、不同于其他阶段的典型心理特征。同时,虽然同一年龄段的婴幼儿在身心各方面都存在着一般的、共同的发展趋势和规律,但对于每一个婴幼儿而言,其发展速度、发展水平又各不相同。0～3岁婴幼儿心理发展正是通过揭示这些特点和规律,帮助我们了解婴幼儿,达到促进婴幼儿健康成长的目的。

(二)提供依据,支持早期启蒙

针对0～3岁婴幼儿的教育一般称为早期教育,它是人生的启蒙教育,奠定了未来发展的基础,由于婴幼儿身心发展的特殊性,对其教育也具有较大的特殊性。早期教育包含的内容非常广泛,如生活常识的掌握、多领域能力的发展与培养、自我服务能力的培养、艺术素养的熏陶等。如果这时能够丰富婴幼儿的生活,扩展婴幼儿的视野,针对婴幼儿的年龄特点给予恰当的启蒙,对培养婴幼儿各项能力的发展、养成良好行为习惯、塑造优秀个性品质都有积极作用。早期启蒙教育的原则和方法是以婴幼儿早期发展理论为基础,家长和早期教育工作者不仅要考虑客观的教育诉求,更应重视婴幼儿心理发展规律,关注婴幼儿心理发展成熟程度和发展的可能性,针对不同年龄段和不同个体的发展水平进行相应的教育。因此,0～3岁婴幼儿心理发展可以为家长和婴幼儿教育工作者提供相应的支持,而无论是家长还是婴幼儿教育工作者,只有充分了解婴幼儿身心发展的规律和特点,才能引导婴幼儿健康成长。

(三)充实内容,推动学科发展

从时间序列的角度看,0～3岁婴幼儿心理发展是发展心理学尤其是儿童发展心理学的最前端内容。随着心理学、脑科学等相关学科的发展,越来越多的人意识到生命早期的经验对人终身的发展都具有影响,因此针对0～3岁的研究也愈发引人关注,研究的领域也朝着越来越细致的方向发展。这些研究成果不但充实着0～3岁婴幼儿心理发展的相关研究,为我们更加全面、深刻地认识人类的心理提供了宝贵的资料,推动了本门课程乃至整个心理学学科体系的发展。此外,探讨人类的意识起源问题,分析从感知到思维的发展过程,研究心理的主客观影响因素,揭示心理现象演化发展的规律,也为辩证唯物主义论提供了理论依据。

除了上述价值外,0～3岁婴幼儿心理发展研究成果还可以为其他领域的工作,比如婴幼儿艺术作品创作、婴幼儿玩具和服装的设计、婴幼儿食品的研发等提供可靠的理论支持。

育儿宝典

早教班是否值得投资？

关于孩子是否应参加早教班，家长们的观点各不相同。早教班的价值，对于不同家庭和孩子来说，是一个主观且复杂的问题。为了做出明智的决策，我们需要综合考虑早教班的潜在收益与实际成本。

1. 早教班的潜在收益

（1）科学教育引导：早教不仅关注孩子的成长，更在于教育家长如何科学地引导孩子。它涵盖了感知、动作、语言、认知等多方面的训练，同时注重生活习惯、自理能力、性格与品德的培养。早教老师会根据孩子的发育特点，为家长提供适合的游戏和活动建议，从而增进亲子关系，让孩子在愉快的氛围中成长。

（2）社交能力培养：早教中心为同龄孩子提供了交流互动的平台，有助于孩子学习分享、合作和解决冲突的技巧。这种社交经验对孩子的性格养成和未来的社交能力有积极影响。

（3）规则意识的培养：早教中心在带领婴幼儿开展活动时，会通过制定一些规则来维护正常的教学秩序，这有效促进婴幼儿学会自我控制，培养规则意识。

2. 早教班的实际成本

（1）经济成本：早教是一项长期投资，需要家庭承担一定的经济压力。家长需考虑早教费用是否超出家庭的教育经费预算。

（2）时间成本：早教课程时间固定，可能与其他家庭活动冲突，导致时间分配紧张。此外，往返早教中心的路程也会消耗额外的时间。

所以总的来说，若经济条件允许且孩子有兴趣，早教班可以是一个有益的选择，但家长需保持正确的教育观念，避免过度追求超前教育或特长培养。选择一个适合孩子年龄和兴趣的早教班，与孩子共同享受成长的乐趣。

若经济负担较重或孩子不感兴趣不上早教班也无妨。家长可以通过其他方式，如阅读育儿书籍、上网查找资料、与同龄家长交流等，学习科学的育儿方法。同时，多带孩子参与社交活动，如拜访亲戚朋友、在小区中与同龄孩子玩耍等，同样可以达到早期引导的目的。

综上所述，早教班的价值因人而异。家长应根据自身经济条件、孩子兴趣和需求做出决策。无论选择何种方式，科学的早期引导和父母的高质量陪伴都是孩子成长不可或缺的部分。重要的是找到适合自己和孩子的方式，共同享受成长的喜悦。

任务思考

1. 简述婴幼儿心理发展的研究对象。
2. 简述婴幼儿心理发展的内容。
3. 简述婴幼儿心理发展的意义。

任务二　掌握婴幼儿心理发展的研究方法

案例导入

　　小雅是一位细心的妈妈,她有一个2岁的宝宝,她对自己的宝宝成长过程中的每一个细微变化都充满了好奇。她发现,宝宝在不同阶段对周围环境的反应和行为表现有着显著的差异。为了更科学地了解宝宝的心理发展,小雅开始查阅各种育儿资料,但很快就发现,仅仅依靠书本知识是不够的,她需要更具体、更直接的方法来观察和分析宝宝的心理变化。于是,小雅决定尝试运用婴幼儿心理发展的研究方法,来更深入地了解自己的宝宝。她准备从观察宝宝的日常行为开始,记录下每一个细节,并尝试用实验法、调查法等多种方式,全面探究影响宝宝心理发展的因素。在这个过程中,小雅逐渐发现,婴幼儿的心理发展远比她想象的要复杂和奇妙,掌握科学的研究方法,对于理解宝宝、引导宝宝成长有着不可估量的价值。

一、研究婴幼儿心理发展的基本原则

(一) 客观性原则

　　客观性原则是指研究婴幼儿心理发展必须从婴幼儿生活的实际环境出发,以客观事实材料作为依据,如实反映婴幼儿的真实发展水平。这是研究婴幼儿心理的基本原则。心理是人脑对客观现实的主观反映,脱离婴幼儿生活的具体环境、无视婴幼儿行为的实际情况来研究婴幼儿心理,带有明显的主观色彩,无法反映婴幼儿心理的真实状况。因此,在研究婴幼儿心理发展的过程中,应尽可能广泛收集材料,对材料进行如实记录,最后做全面细致地分析。

(二) 科学性原则

　　科学性原则是指进行婴幼儿心理发展的研究必须遵循事物发展的一般规律,通过反复的实践、严密的论证来获得知识。0~3岁婴幼儿是一个特殊的群体,他们心理和行为存在着极大的不稳定性和偶发性。因此在对他们进行研究的过程中,我们需进行反复观察、深入分析,不能仅凭一次或几次的印象,草率下结论。

(三) 发展性原则

　　发展性原则是指必须用发展的眼光看待婴幼儿心理的发展,不仅要关注到他们当前的心理特征,更要关注那些即将萌发的心理特征。一方面,婴幼儿的心理是不断变化发展的,而且非常迅速,在研究过程中应把握发展的规律,避免孤立静止地看问题。另一方面。对于婴幼儿成长过程中出现的问题,成人需抱有宽容、接纳的态度,以积极、乐观的态度引导婴幼儿成长。

(四) 教育性原则

　　教育性原则是指在进行婴幼儿心理发展的研究时,必须考虑研究方案或研究方法等是否会对婴幼儿心理造成不良影响,一旦会对婴幼儿的心理造成伤害的,都要坚决摒弃。这是婴幼儿心理研究者必须具备的职业道德和伦理准则。因此,在进行研究过程中,必须小心谨慎,防止婴幼儿产生不良情绪、过度疲劳等。

（五）全面性原则

全面性原则是指研究者必须关注婴幼儿心理发展的各个方面,从影响婴幼儿心理的各种因素出发,全面收集信息,如实反映婴幼儿心理发展的全貌。婴幼儿心理的发展包括感知觉、记忆、想象、思维、情绪情感等各方面,任何一个方面的发展状况都会影响其他方面的发展,因此研究者不能以偏概全,而应综合婴幼儿心理的各个方面的特点,进行全面性的研究。

二、研究婴幼儿心理发展的具体方法

（一）观察法

观察法是指有目的、有计划地观察婴幼儿在日常生活、游戏、学习和劳动中的表现,包括其言语、表情和行为,并根据观察结果分析婴幼儿心理发展的规律和特征。

婴幼儿的心理活动具有突出的外显性,通过观察其动作行为和言语表情,研究者可以了解、推测其心理活动。同时,观察法可以在真实生活或活动情境中进行,婴幼儿的行为表现和心理状态比较放松自然,研究者可以获得相对真实有效的第一手资料。这是研究婴幼儿心理的基本方法,也是最普遍、最常用的方法。早期的心理学家在研究婴幼儿心理发展时,经常采用观察法,如陈鹤琴的《儿童心理之研究》,就是对其儿子陈一鸣长达808天的观察收集资料完成的。

观察法按照不同的划分标准,可以分为不同的类型。从时间看,可以分为长期观察和定期观察;从范围看,可以分为全面观察和重点观察;从规模上看,可以分为群体观察和个体观察;按照参与程度,可分为参与式观察和非参与式观察;按照严密程度,又可分为自然观察和实验室观察。

无论是哪一种观察法,被观察的婴幼儿都处于自然轻松的环境中,因此研究者可以获得较为真实可靠的材料,但也正因为强调在自然情景中进行,研究者往往处于被动的状态,静待婴幼儿的表现,无法控制刺激因素或预测变化,有些时候花费很多精力却收集不到需要的信息。

最后,运用观察法研究婴幼儿时,还应注意以下几点:

（1）准备充分　在观察实施前,研究者要明确观察的目的和任务,选用合适的观察方法、确定好观察的时间和地点、记录的要求等,如在纸笔记录和借助仪器两种方式中,为了使记录更加完整清晰,研究者可以事先准备好相关的摄像装备。

（2）减少影响　婴幼儿的行为和情绪容易受到周围事物的影响,尤其是在有陌生人的情况下,他们的表现会有别于日常表现。因此在制订观察计划的时候,要充分考虑观察者对婴幼儿可能造成的影响,尽量在自然条件下进行,避免让婴幼儿发现自己处于被观察中。

（3）翔实记录　观察记录要求详细、准确、客观,不仅要记录行为本身,更要记录此行为发生的情境以及前因后果,便于日后的分析、判断。婴幼儿的表达能力比较有限,因此记录言行的时候,要注意神态表情,尽量保持婴幼儿言语的本来面目,避免用成人语言解读、翻译。必要时,可以借助录音笔、摄像机等辅助手段,使得记录更加便捷、准确、全面。

（4）反复求证　婴幼儿的心理状态较不稳定,情绪起伏大,行为具有偶发性特点,因此在对其进行观察的时候,应多次反复观察,使收集的材料尽量客观。同时为克服主观偏见,可采取两人同时观察,分别对婴幼儿的行为进行判断。

拼毛毛虫

观察时间:上午 10:00～10:30

观察场景:早教机构

观察对象:小贝(男,2 岁 7 个月)

观察方法:自然观察法

观察目的:了解幼儿精细动作发展水平

观察记录:

活动开始了,王老师拿起一个花片,问:"小朋友们,这是什么呀?"小贝大声回答:"花片。"王老师说:"是的,今天我们要用花片变出一只毛毛虫。这里有红的、黄的、绿的,各种颜色的花片。小朋友可以挑选自己喜欢的颜色,像老师这样,一片一片插在一起,连成一字形,就能变出可爱的毛毛虫了。我们也可以像这样来回斜着插,让毛毛虫扭动起来。小朋友都试试吧!"

小贝双手各拿起一个花片,学着老师的样子,左手不动,右手捏着花片,一横一竖对插,一次、两次、三次,都没插进去,他自言自语:"没事没事,再来一次。"终于,两个花片连在一起了。小贝脸上露出了笑容,他扬起手中的花片,冲着老师,喊:"王老师,毛毛虫好了。"王老师:"你真棒,不过你的毛毛虫有点小,再多插几片,让它长大一点吧。"小贝飞快拿起一个花片,继续插进去,一片接一片,很快许多花片七扭八歪地拼在一起了。王老师走过来,问道:"我的毛毛虫是细细长长的,你的怎么不一样啊?"小贝骄傲地说:"我是很多毛毛虫抱在一起的。"

观察分析:活动时,小贝能够专注地倾听老师的任务,并按照要求拼插花片,暂时失败了也能积极调整、努力尝试。他顺利地将若干个花片拼在一起,小肌肉动作发展具有一定的水平,双手协调性较好,但是无法准确完成一字插等更高要求的动作。

(二) 实验法

实验法是指研究者根据研究目的,改变或控制婴幼儿的活动条件,以引起其特定的心理变化,从而揭示特定条件与婴幼儿行为之间的关系。在实验法中,研究者可以人为地操纵变量,集中观测某个特定的现象,整个实验过程,包括实施的条件、变量的标准都有明确具体的规定,方便其他人进行重复验证,又因其具有严密的程序、规范的要求,且较少的干扰,因此相对于其他方法,实验法具有较强的科学性和说服力,也被人们广为接受。

同时,由于控制的因素较多,实验法也存在着一些不足。首先,运用范围有限。现实情境和实验情境具有一定的差异,因此在实验条件下观察到的效应并不一定能在现实生活中呈现出来;且婴幼儿所处的社会生活环境往往比实验情境复杂许多,因此实验的结果未必能运用到现实生活中。其次,存在未知干扰。婴幼儿行为的变化,除了与特定的因素相关,实验中也常有某些无法控制的因素在起作用,这将影响到对实验结果的解释与分析。再次,操作要求较高。用实验法进行研究,要求研究者具有过硬的科研能力、丰富的知识经验以及标准的操作技术,如果其中任何一个环节出现纰漏,都会导致实验结果的偏差。

按照严格程度,实验法可以分为实验室实验法和自然实验法。实验室实验法是在特殊装备的实验室内,利用专门的仪器设备进行心理研究的一种方法。如为研究婴儿的深度知觉而设计的"视崖实验"。自然实验法,是指在自然的情境中,通过改变某种条件,来引起并研究婴幼儿心理活动的方法。它既与观察法相似,又是实验方法,兼有二者的优点如为研究成熟因素对个体心理发展影响的"格赛尔双生子爬梯实验"。

格赛尔双生子爬梯实验

实验目的:成熟因素对个体心理发展的影响

实验对象:一对各方面发展水平相当的同卵双生子

实验准备:小楼梯

实验内容:

在双生子出生48周大时,格塞尔先让双生子之一T每天进行10分钟的爬梯训练,教他如何用手撑住楼梯,小脚紧跟着抬起来,而另一双生子C则不进行该训练。一段时间后,格塞尔开始对出生后第53周的C连续进行相同的爬梯训练,T继续巩固练习。让人意外的是,仅仅2周的训练时间后,T和C的爬楼梯水平相当。

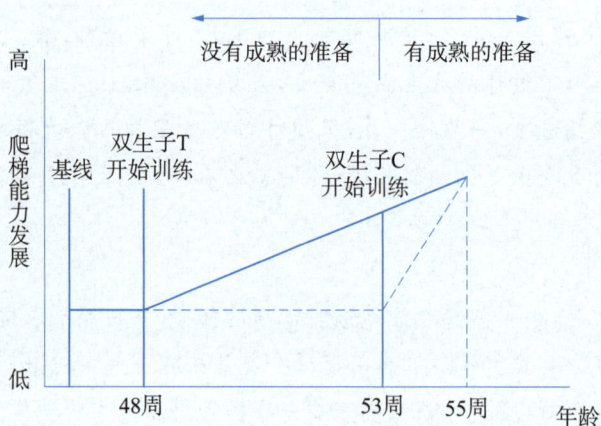

实验结论:格赛尔据此认为,在儿童的生理成熟之前的早期训练对于最终的结果没有多大的作用,而一旦在生理上有了完成这种动作的准备,训练就能起到事半功倍的效果,即个体发展是由成熟因素决定的。

(三) 调查法

调查法是用多种方法与手段,对某种现象进行有计划的、周密的、系统的间接了解与考察,并对所收集到的资料进行分析的一种研究方法。在研究0～3岁婴幼儿的心理活动发展过程中,我们可以通过家长、教师或其他熟悉婴幼儿的人,以了解婴幼儿心理。调查法具有一些突出的特点。

(1) 间接性　该方法是对与婴幼儿相关的对象进行接触,而不是研究行为本身,因此一些研究者在短时间内无法或很难直接观察到的现象,可以用这样的方式进行考察,如婴幼儿在家的表现、养育者的育儿观念等。

(2) 广泛性　该方法在运用过程中,不受时间、空间的条件限制,研究涉及范围广,收集资料速度快、效率高、手段多样化。如与婴幼儿相关人员进行交流时,既可以采用单独访谈的方式,也可以采用集体座谈的方法。

（3）难控制性　调查法是向他人了解情况,因此最终能收获多少资料,资料是否可靠往往取决于被调查者的配合态度和实事求是精神。被调查者陈述现象的客观性和真实性决定了调查所收集到的资料的可靠性和可用性。而被调查者由于各种原因,可能会有意或无意地加入自己的主观想法或受偏见影响,而身为调查者却难以判别或制止这种主观态度,从而影响调查结果。

（四）实物分析法

实物分析法是通过分析婴幼儿的作品（如涂鸦、手工等）或与婴幼儿相关的其他物品（如照片、影像等资料）去了解婴幼儿的心理。该方法的特点是以实物为依据,强调让实物自己说话,强调研究者对实物的意义建构,容易受到研究者主观倾向性的影响。

由于婴幼儿的表现能力有限,在创造活动中,经常借助语言和表情去补充作品的内容,因此研究者不能脱离婴幼儿的创作过程来分析作品,最好是结合观察法等方式,才能更好更充分地了解婴幼儿的心理活动。

可可的全家福

幼儿信息:可可（女,2岁2个月）

创作背景:晚饭过后,可可拿着画笔玩,妈妈说:"可可,你画妈妈。"可可握着笔边从左往右画线条,边说"妈妈"。接着在妈妈的要求下,可可采用了同样的方式依次画了爸爸、哥哥、可可自己。

幼儿作品:

作品分析:1.5岁以后,幼儿进入涂鸦期,他们画出的图案以点或线条为主。从以上的作品可以看出,可可手眼配合协调,对手的控制能力增强了,握笔较有力,能将涂鸦完全落在纸张范围内。可可在纸上反复画出从左往右的线条,在涂鸦活动中体验重复动作的节奏感。总而言之,可可尚没有明确的创作意图,但可以配合成人的指令,主要是满足于有控制地动笔和涂鸦过程。

（五）其他方法

除了上述几种常规方法,在研究0~3岁婴幼儿尤其是1岁以前的婴儿时,研究者还会使用到一些特殊的研究方法,如视觉偏好法、习惯化法、自然反应法等。

视觉偏好法的实验程序十分简单,其过程是在婴儿面前同时呈现两个或多个物体或图形,考察婴儿对这几个物体或图形的不同注视时间,以此判断婴儿对某种物体或图形的偏好。随着现代技术的发展,如眼动技术的出现,不仅能测量婴儿注视哪一个刺激,而且能精确判断测量婴儿正在注视该刺激的哪个地方,以及怎样从刺激的一个部分扫描到另一个部分。眼动记录不仅有助于确定婴儿在辨别刺激时利用了什么信息,也能够表明刺激的哪些方面引起婴儿注意或在哪些方面婴儿能够保持注意。

习惯化法包括两个过程:习惯化和去习惯化。给婴儿呈现一个刺激,反复几次后,婴儿注视的时间就逐步减少,直至消失,这就是习惯化。反之,如果将熟悉的刺激换成一个新异的刺激,又会引起婴儿反应的变化,这就是去习惯化。这是人类反射学习的最基本、最简单的方式,在研究婴儿感知觉、注意、记忆等方面具有显著作用。

自然反应法是指在婴儿有意义的行为反应中,研究者可以观察婴儿对外界物体的辨别与理解及外界事物对婴儿的作用及意义。常见的自然反应主要有:抓握反应、视觉追踪、回避反应、视崖反应等。

综上所述,研究0～3岁婴幼儿心理有多种方法,每一种方法都有各自的优点和局限,因此研究者在运用时,必须坚持科学的理念,根据研究目的和研究内容,综合运用多种方法,达到优势互补的效果。

三、影响婴幼儿心理发展的因素

0～3岁是人生的初始阶段,也是个体心理发展的关键时期,为个体终身发展奠定了最初的基础。因此,帮助0～3岁婴幼儿培养稳定健康、积极和谐的心理素质具有积极意义。影响0～3岁婴幼儿心理发展的因素是复杂的,下面将围绕遗传因素、生理成熟、家庭环境、个性因素等四个方面进行阐述。

(一)遗传因素

遗传是指生物体的构造和生理机能等经由基因的传递,使得子代获得亲代的特征。俗语中的"龙生龙、凤生凤""种瓜得瓜、种豆得豆"就是对遗传现象的通俗解释。而遗传素质就是婴幼儿从自己的双亲那获得的与生俱来的解剖生理特征。这些生理特征包括身体各部分的构造和机能,其中脑的结构和机能对心理的发展具有重要影响。个体的遗传素质既有共性又各具特性,这样使得个体继承了人类的遗传素质,保证了人类的繁衍,同时在行为和心理发展方面又存在差异。良好的遗传素质是婴幼儿心理发展的基础,遗传素质若存在缺陷,会对婴幼儿心理发展造成不可逆的影响。

遗传对婴幼儿心理发展主要体现在两个方面:一方面,遗传素质为婴幼儿心理发展提供了物质基础,是婴幼儿心理发展潜在的可能性。婴儿刚出生时,不能走动不会说话,看起来比很多动物都软弱无能,但是很快的,他们就能抬头翻身、站立行走、奔跑跳跃。在环境和教育的影响下,他们能说话会思考,还能学习各种复杂的知识技能,这就是人类的遗传素质在发挥作用。另一方面,遗传素质的差异使得婴幼儿心理发展存在个体差异性。这种差异性反映在婴幼儿心理发展的水平、速度等各个层面,因此成人不能简单地将同龄孩子进行比较。遗传在婴幼儿心理发展中的作用是客观的,要将这种潜在的可能性变为现实,使遗传素质发挥最大的作用,离不开良好环境和教育的支持,也离不开婴幼儿的主观能动性。

(二)生理成熟

生理成熟是指机体在结构和机能上的生长发育。人体的不同器官、不同系统生长发育速度各不相同,成熟的时间有早有晚。心理是脑的机能,所以脑及神经系统的成熟程度与婴幼儿的心理发展关系密切。

生理成熟对婴幼儿心理发展的作用表现在以下几个方面。首先,生理成熟为婴幼儿行为及心理的发展提供了基础。美国心理学家格赛尔曾经做过一个著名的实验——双生子爬楼梯实验。他通过这个实验得出结论:婴幼儿的学习取决于生理的成熟,没有成熟就没有真正的发展。当婴幼儿的某个器官尤其是大脑达到一定的成熟水平,只要给予适宜的刺激,就会使婴幼儿获得相应的行为模式。其次,生理成熟的顺序制约着婴幼儿心理发展的顺序。例如刚出生的婴儿由于神经系统发育不完善,只有基本的、原始的情绪反应,而随着神经系统的发育成熟,情绪则分化得更加细致,也日趋稳定。再次,成熟的差异制约着婴幼儿心理发展的个别差异。由于遗传和后天环境的差异,婴幼儿的成熟时间有早晚之分,相应地心理行为也会有一定的倾向性和选择性。最后,成熟的影响力因婴幼儿心理发展的阶段和心理机能的不同而异。一般而言,在婴幼儿心理发展的早期阶段,特别是3岁之前,生理成熟的影响较大,随着年龄的增长,生理成熟的影响将逐渐减弱。

(三) 家庭环境

婴幼儿出生后最早接触的环境就是家庭,且对于0～3岁的婴幼儿而言,家庭是其最主要的生活场所,父母及其他抚养者是婴幼儿接触最多的人,家庭环境对婴幼儿心理的影响是潜移默化的,奠定了婴幼儿心理发展的最初基础。

1. 家庭氛围

家庭氛围是指家庭成员之间的较为稳定的关系及其营造出的人际交往情境及氛围。家庭氛围是由各种主客观因素共同作用形成的,家庭中的每个成员都参与家庭氛围的营造,他们的精神状态和心理状态也受到家庭氛围的影响。婴幼儿从一出生,就浸润在特定的家庭氛围中,家庭氛围对婴幼儿的心理品质及人格发展起着重要的影响。相关研究表明,在良好的家庭氛围中成长的婴幼儿,在感受幸福的同时会更加活泼开朗、乐观自信,且持续影响到未来的学习生活、人际交往等方面;反之,在不良家庭氛围影响下的婴幼儿,容易敏感焦虑、情绪紧张,乃至出现一些不良行为。因此,作为婴幼儿第一任教师的父母要不断提升自身素养,密切家庭成员关系,与婴幼儿多多互动交流,为婴幼儿健康成长营造幸福宽松、亲密和谐、丰富多彩的生活环境,让婴幼儿充分感受安全感、归属感和爱,乐于表达、敢于表现,这对婴幼儿形成良好的个性心理特征具有积极的意义。

2. 教养方式

教养方式是指父母在教育、抚养子女的过程中所采用的方式方法,是父母教育观念和教育行为的综合表现,一般比较稳定。我们通常将父母的教养方式分为四种:民主型、专制型、溺爱型和放任型。专制型的父母对孩子的要求高,不与孩子沟通交流,缺乏对孩子需求的关注回应,要求孩子无条件服从,容易使孩子形成依赖性强、独立性差、自信心弱,做事唯唯诺诺的个性特征;溺爱型的父母对孩子极尽宠爱,有求必应,对孩子行为缺乏必要的约束和监督,容易使孩子任性冲动、自制力差,以自我为中心,做事不考虑后果;放任型的父母通常是只管养不管教,对孩子听之任之,不作要求,放任自流,在这样的环境中成长的孩子容易缺乏自信,内向逃避,做事缺乏责任感。相比于以上三种教养方式,民主型的父母对孩子有足够的尊重、爱护、耐心,能够倾听孩子的想法、与孩子友好沟通交流并对孩子有合理的要求,孩子具有较高的自尊、较强的自信,做事独立自主,有责任感。因此,家长要不断提升自身的科学教养能力,把孩子当成一个成长中的独立个体,对孩子有爱有严,有教有放,多从正面引导孩子,形成融洽和睦、积

极进取的教养关系。

（四）个性因素

辩证唯物主义认为,事物的发展是主客观因素共同作用的结果,主观因素是事物发展的源泉和动力。影响婴幼儿心理发展的主观因素最突出表现为个性因素,具体包括自我意识、气质、性格、能力等方面。气质是与生俱来的,婴儿刚出生,就表现出了气质类型的差异。如胆汁质的孩子兴奋性强,反应快、易冲动,缺乏耐心和自我约束能力,而黏液质的孩子则与之相反。气质的差异让婴幼儿心理发展有了最初的区分,同时也影响着父母对孩子的抚养方式。2岁左右,随着思维、想象等认知要素逐渐齐全,婴幼儿也开始出现明确的自我意识,意识到自己是一个独立个体,有了明显的兴趣爱好、不同的能力倾向、鲜明的性格特征。这些因素与周围环境的互动交流、碰撞融合,形成了每个孩子独一无二的个性雏形。个性的好坏直接影响着婴幼儿日后的发展,因此成人要注意为0～3岁婴幼儿塑造良好的个性,为婴幼儿心理的健康成长奠定坚实的基础。

除了上述因素,婴幼儿生活的社会环境中的经济水平、医疗条件、文化氛围等因素也是影响婴幼儿心理发展的外部因素。成人要发挥这些因素的积极效应,最大限度地促进0～3岁婴幼儿心理健康发展。

育儿宝典

育儿日记怎么写？

科技不断进步,也悄悄地改变着我们的生活,越来越多年轻父母在QQ空间、微博、微信、小红书、抖音上分享育儿经,每天晒上几张宝贝的照片,说点宝贝的趣事,成了生活里必不可少的一个环节。而有些父母也渐渐开始思考,除了简单的晒,能否让自己的记录更加有意义呢？因此我们简要介绍下育儿日记撰写的要点:

1. **要素齐全**　婴幼儿心理发展受到多方面因素的影响,因此每次撰写育儿日记时,应写清楚宝宝的年龄、事件背景、事情的前因后果,以便对宝宝的行为作全面分析。

2. **思想碰撞**　对待宝宝的行为,不同的人往往有不同的理解,在撰写日记过程中,不妨把此次事件相关人员的看法记录下来,既是对自己思想的梳理,也可避免主观色彩对宝宝行为的误解。

3. **及时记录**　对待宝宝的点滴改变,家长都十分关注,然而很多家长在短暂的惊喜之后,没来得及记录,日后便忘了。为了更好地发现孩子前后的变化历程,需要将行为改变及时记录。

4. **方法多样**　有些父母嫌文字记录太麻烦太耗时,喜欢用图片、视频等简便的方法记录宝宝的改变,这也是一个不错的办法。如果图片附上简要说明、视频中补充点解说,那么这样的记录方式会更有意义。

0～3岁的孩子在想些什么？

0～3岁的孩子除了在生理上满足其吃好睡好,生活有规律,环境清洁卫生以外,还要满足心理上的需求。那么,这些年幼的孩子在想些什么？他们有哪些心理上的需求呢？

1. 醒来想看到父母的笑脸

孩子需要每天有一个良好的开端,早上醒来后不应马上被大人催着赶着起床,而是让他睁眼看到熟悉的、喜欢的亲人的笑脸相迎:"宝宝早,宝宝睡好了吗?太阳公公请宝宝起来啦!"几分钟后,等孩子完全苏醒,心情愉快了,再为他起床穿衣,洗手洗脸。2岁以后的孩子可以和父母同桌吃早餐,早晨这段时间虽然短暂,但孩子却能在与父母短暂的相处中感受到亲切和欢快。当爸爸妈妈离家去上班,要拥抱或亲吻孩子的脸,和他皮肤接触,以满足他的情感需求,说上几句鼓励孩子的话,微笑着和他说再见。这种做法看似简单,却能让孩子安然地接受爸爸妈妈离家上班。

2. 想和父母说话玩耍

3岁前的孩子特别依恋父母,常想和父母亲近,说说玩玩。因此,爸爸妈妈下班回家后,应该花一点时间听听孩子的述说、提问,并为孩子念儿歌,讲故事,唱歌或玩游戏。这些活动所花的时间并不多,爸爸妈妈自己也可以轻松一下,调剂在外工作一天的紧张情绪,又能给孩子带来快乐和安慰。孩子的心理得到了满足,自然会很高兴地独自去玩或帮父母做一些小事情。

3. 需要在和睦的家庭环境里生活

和睦的家庭是孩子幸福的摇篮,孩子需要在父母恩爱,家庭成员和睦、相互尊重的环境里生活,这是孩子身心健康发展的必要条件。父母不和,家庭成员之间经常发生矛盾,出言不逊、行为粗鲁,会让孩子紧张、担忧;或者由于情绪不好,大人将怒气撒在孩子身上,把孩子当成"出气筒",更让孩子委屈、不知所措。尤其是父母矛盾深化到闹离婚的时候,互相争夺孩子,以孩子喜爱之物引诱他站在自己一方,排斥对方,使孩子不知所措、混淆是非,易形成自私、虚伪、说谎及见风使舵的不良行为,严重的会影响孩子的个性发展,还会使孩子的心灵受到创伤。

4. 期盼得到父母的尊重

每个孩子都有自己的需要和兴趣爱好,他们都希望得到父母的尊重,孩子从小受到尊重,才会产生自尊心,长大后也会尊重别人。因此,家庭中应该有民主气氛,父母要求孩子帮助做事应该用请求或商量的语气,不可强迫命令。孩子做完事后,父母也要对孩子说"谢谢"。

父母做错了事或说错了话要敢于承认错误,若错怪或冤枉了孩子,事后应该向孩子道歉。孩子难免会有错误和过失以及不能令人满意的行为习惯,父母应该循循善诱,帮助他改正缺点与错误,千万不要在众人面前议论、指责孩子,如说孩子很笨、不听话、喜欢咬人和打人等。这将会强化不好的行为,也会伤害孩子的自尊心。

父母如能了解孩子的心理需求,孩子将会生活愉快,身心得到健康的发展。

任务思考

1. 简述研究婴幼儿心理发展的基本原则。
2. 简述研究婴幼儿心理发展的具体方法。
3. 简述影响婴幼儿心理发展的因素。

任务三　区分婴幼儿心理发展的典型特点

案例导入

小宝自从周岁以来,领悟能力倍增,不但能听懂成人的一些指令,还能照做,沟通起来容易多了。可是他的火爆脾气,真是急坏了妈妈,尤其最近会说"不"以后,那更是登峰造极。只要他不想做的事情,那便是一个"不",又响亮又干脆。本来他生性活泼开朗,妈妈觉得是好事,但是最近却发现他社交比较粗暴野蛮,散步时有小朋友凑到他跟前,他便用力地推开人家,如果妈妈对他说要和其他小朋友一起玩,他便干脆地说一声"不",然后扭头就走。他的东西连碰都不让其他人碰,玩具、书包、婴儿车,样样都不行。别的宝宝只要一接触,他便以极快的速度一把夺下,还喊叫着以示抗议。小宝最近怎么变得这么叛逆?还那么爱说"不"?

婴幼儿心理发展具有一定的顺序性和阶段性,不同年龄阶段婴幼儿的心理,具有不同的表现形式和特点。我们根据婴幼儿心理发展特点和规律,将其分为0～1岁、1～2岁、2～3岁三个阶段。

一、0～1岁婴儿的心理特征

出生第一年,称为婴儿期,这是人的心理开始发生、发展的阶段,也是发展最为迅速、变化最大的一年。新生儿期(0～1个月)主要是适应周围环境,心理开始发生;婴儿早期(1～6个月),婴儿基本卧在床上,活动范围狭窄,心理活动简单;婴儿晚期(7～12个月),婴儿开始坐起来,并学会爬行,尝试走路,活动范围大增,与周围环境和人的交往越来越多。婴儿早期和婴儿晚期又可合称乳儿期。

视频

[二维码]

出生到满月

(一) 新生儿的发展

个体的生命并不是从新生儿开始的,在出生前,已在母体子宫中度过 10 个月,这是胎儿期。胎儿期是个体产生的时期,也为个体的生理和心理发展准备了必要的物质前提。而这些自然和进化的馈赠,在个体日后的生活和成长中扮演着十分重要的角色。

1. 具有先天的无条件反射

反射是天生地对特定刺激形式作出的自动反应。[1] 个体先天就具有了应付外界刺激的本能——各种各样的无条件反射。如吸吮反射,当被子的边缘,碰到了新生儿的脸,并未直接碰到他的嘴唇,新生儿也会立即把头转向物体,张嘴做吃奶的动作,这种反射使新生儿能够找到食物。除此以外,新生儿还具有眨眼反射、抓握反射、游泳反射等,而这些本能表现都是不学而能的。

新生儿的本能活动,除吸吮反射、眨眼反射等极少数对维持和保护新生儿的生命具有现实意义,大部分在当下的生活中并没有实际意义,但新生儿出生后如果神经系统受到损伤,有颅内出血或其他脑疾病,上述反射就会受阻。因此,这些新生儿反射可视为判定新生儿脑神经发育是否正常的标志,在出生后的几个月后,当脑神经发育较成熟时,这些反射将逐步自行消失。

无论无条件反射对维持生命是否具有实际意义,个体最初的本能活动都可以成为学习的

---

[1] 李燕,赵燕. 学前儿童发展心理学[M]. 上海:华东师范大学出版社,2008.

基础。婴幼儿的各种心理活动,都是在无条件反射的基础上建立的。

2. 出现条件反射

条件反射是建立在无条件反射的基础之上。在经典条件反射中,一个中性刺激最初伴随着有意义的非中性刺激出现,反复几次后,那些原本不能引起反应的中性刺激就能够引起个体的反应了。如有人将一个声音与奶嘴匹配起来,对出生10~15天的婴儿进行训练,经过几次的反复条件作用后,即使奶嘴不出现,单独呈现那个声音,新生儿也会出现吸吮的反应,这就是经典条件反射。新生儿什么时候出现条件反射,取决于成人何时开始进行条件反射的训练。开始训练条件反射的时间越早,新生儿出现条件反射的时间就越早。

条件反射的出现,对新生儿的生活具有重要的意义,从某种意义上讲,个体学会的一切本领,都是条件反射。无条件反射仅仅是一种生理本能活动,而条件反射不仅是一种生理活动,更是一种心理活动,因为在条件反射中,个体对中性刺激产生了联想,并诱发了相应的行为,这就是心理在起作用。因此,条件反射的出现,可以说是个体心理产生的标志。

新生儿的条件反射具有较大的局限性,几乎只能作用于那些与生存相关的生理反射上,且必须具备特定的条件。首先,大脑皮质要发育成熟健全。智障儿对事物的反应能力差,往往是由大脑皮质发育异常导致的。其次,具备基础反射。条件反射的建立,必须以另一种反射为基础,这种基础反射既可以是无条件反射,也可以是早前建立的条件反射。再次,需要合理的建立方式。在建立条件反射的过程中,条件刺激物的出现应先于无条件刺激物,但间隔的时间不要太长,否则就失去联系的意义,且这两者要多次同时作用,反复结合,才能建立起条件反射。此外,个体差异性,也会影响条件刺激的建立。

3. 开始认识世界

胎儿在母体内的生活是非常安全舒适的,出生以后,生活的环境发生了巨大的变化,新生儿在努力地适应新生活的同时,也逐步开始认识世界。新生儿最早对外界的认识,突出表现在感觉。新生儿出生后就有感觉,如听到手机响会朝声源处转头、洗澡时水过冷或过热都会哭泣等。

视觉集中和听觉集中表明注意的出现,是判定新生儿认识世界的重要依据。出生两三周后,新生儿便有了这两类行为,他们对某些东西注意听、注意看,而忽视了另外一些事物,表明其对外界刺激物具有了选择性,而这也正是人心理活动的表现。且令人惊奇的是,新生儿具有把不同感觉通道相互整合的能力,如听到声音会把视线转过去。

4. 尝试人际交往

新生儿拥有一项惊人的能力,即能够模仿他人的面部表情,这表明他已经准备好跟其他人进行沟通。[①] 刚出生几分钟的新生儿如果心情愉快、精神很好,会专注地盯着另一个人的脸,认真地端详对方。如果成人清楚而又缓慢地做面部动作,例如伸舌头,新生儿会凝神注视,然后模仿大人的动作。他们也会通过哭叫"告诉"成人,他饿了或是尿了。在喂奶时,新生儿会目不转睛地盯着母亲,并表现出愉快的情绪。当其哭闹时,有人来进行安抚,会逐步安静下来。这些都表明了新生儿具有人际交往的需要和行为。

综上所述,尽管新生儿非常脆弱,但是在适应新生活的过程中,他表现出了惊人的发展速度,不仅体现在生理上,更表现在心理方面,而这些都为将来的进一步发展奠定了基础。

(二)乳儿期的发展

发展心理学将出生1个月至1周岁的这一时期称为乳儿期,乳儿的身心各方面都以不同

---

① 〔英〕琳恩·默里,〔英〕莉斯·安德鲁斯. 婴儿心理学:关于婴儿哭闹、睡眠和安全感的秘密[M]. 袁枫,译. 北京:北京科学技术出版社,2022.

的速度发展着。

1. 手眼协调开始发生

所谓手眼协调，是指眼和手的动作能够配合，手的运动能够和眼球运动保持一致，即能够按照视线所及去抓住物体。满月以后，婴儿的眼睛越加灵活，不仅能注视物体，而且视线能随着物体移动，并会主动寻找目标。半岁时，其视力范围较新生儿期有所扩大，但仍然有限，通常能看到距离自己 20 厘米到 30 厘米以内的物体。而手眼协调动作，在经历了一系列的动作混乱、无意抚摸、无意抓握、不协调抓握后，就开始慢慢出现。半岁后，手的动作日趋灵活，表现为五指开始分工、双手能够配合、可以重复连锁动作。

手的动作灵活，促使手眼协调能力进一步提高。表现在：能够抓住自己看见的物品、动作的目的性越加明显等。此外，7 个月左右的婴儿能坐起来，视野越加开阔，手的活动范围也增加，开始不断摆弄物品。因而，手眼协调动作的发生对个体心理发展具有非凡的意义。它是用手的动作去有目的地认识世界和摆弄物体的萌芽，婴儿的手部探索成为认识世界的开端。

2. 出现认生和依恋

6 个月左右的婴儿开始认生，即学会区别熟悉的人和陌生人，并在 8～10 个月达到高峰期。认生是个体认识发展过程中的重要变化。它一方面表现了感知觉和记忆能力的发展，另一方面也反映了情绪情感和人际关系上的转变，体现为依恋的出现。

依恋是指亲子之间形成的一种亲密、持久的情感关系，是存在于婴儿与其主要抚养者（尤其是母亲）之间的一种强烈持久的情感纽带。婴儿在和依恋对象相处时，感到安全愉悦，面对困难时会寻求依恋对象的帮助和慰藉。健康的依恋关系的建立，有利于婴儿的心理健康成长。

与其他人际关系相比，婴儿的依恋表现出一些独有的特征：第一，依恋对象具有选择性，并不指向所有人。第二，依恋具有明显的行为表现，如依偎在母亲身旁。第三，破坏依恋关系会导致痛苦情绪的产生。

3. 大动作集中出现

在生命的头几个月里，婴儿的生长非常迅速，骨骼较新生儿期更加成熟，身体运动能力也逐渐增强，开始逐步出现抬头、坐、爬、站、走的动作。骨骼的生长发育和身体运动能力在这个时期相互促进，相互影响，使得乳儿期成为大动作集中涌现的一个时期。在这段时期内，婴儿已能自如地坐和爬，有些婴儿能够站起来，但行走并没有完全表现出来。（图 1-3-1）

图 1-3-1 1 岁婴儿在练习爬行

需要注意的是,这个时期内个体骨骼的硬化远未完成,骨骼容易变形,机体也容易疲劳,所以无论是婴儿的自主玩耍或成人的辅助训练,时间都不宜太长,也不宜过早追逐下一个更高级动作的出现。

即便如此,这个时期的婴儿从襁褓中解放出来,摆脱了成人的怀抱,开始自己活动,能够直接接触到更多的事物,这对丰富其感官经验、扩展人际交往都是相当有利的。

4. 言语的萌芽

心理学家将婴儿说出第一个有意义的单词之前的一段时期叫作前言语阶段,乳儿期正好处在这个阶段,尽管他们还不能说话,却孕育着言语的种子并悄然萌发了。

从出生的第 2 个月起,婴儿可以发出类似元音的咕咕声,紧接着 4～6 个月,他们的发音中增加了辅音,开始了咿咿呀呀,从第 9 个月起,咿呀学语到达高峰期,且能重复不同音节的发音。而在这时候,发音也开始变得越加有序:一是逐渐淘汰环境中用不着的发音,二是学会越来越多本民族语言的发音。到 1 岁左右,多数婴儿开始说出第一个能被理解的词语。

尽管这个时期的发音不能被人所理解,交流作用也十分有限,但对其学习调节和控制发音器官,为以后真正的语言产生和发展奠定了坚实的基础。

二、1～2 岁幼儿的心理特征

1. 学会直立行走

婴幼儿的心理发展是同运动紧密联系在一起的。学会直立行走对婴幼儿智力和心理发育有重要意义。首先,直立行走是人类在智慧上领先其他动物的第一步。第二,直立行走扩大了视野,使婴幼儿见多识广。第三,直立行走扩大了主动活动范围,解放了双手,同时使人的眼、手配合的动作大大增加,这对婴幼儿脑发育有着良好的作用。

1 岁以后,幼儿开始自己迈步走路,有些会害怕,不敢向前走,有些还走不稳,需要成人伸出双手保护或牵着手走。这一阶段幼儿走路时,头会不自觉地向前倾,步幅不稳,忽大忽小,容易摔跤,手脚配合也不协调,显得很僵硬。究其原因,可以归结为:第一,头重脚轻,走路难以保持平衡。第二,骨骼肌肉比较稚嫩,支撑身体比较吃力。第三,两腿和身体动作配合不到位。

尽管 1～2 岁的幼儿走路尚不稳妥,容易摔跤,但仍不妨碍其运动的热情,他们甚至开始学习上下楼梯、尝试跳跃和奔跑,尽管动作依然笨拙,却也是其不断成长的方式。

2. 出现自我意识

自我意识是作为主体的我,对自己以及自己与他人关系的认识。自我意识是自己作为主体从客体中区别出来,是人区别于动物的重要标志之一。自尊、自爱、自信、自我监督等都属于自我意识。婴幼儿自我意识的发展是婴幼儿从自然人过渡到社会人的关键标志。

心理学研究表明,1 岁左右,婴幼儿能将自己的动作与作用的对象区分开来,这是自我意识出现的最初标志。如看到自己拍打桌面会发出声音,婴幼儿会乐此不疲地拍打,仿佛从中获得了极大的乐趣。自我意识的进一步发展是与有关自我的词语相联系的。起初,婴幼儿知道自己的名字,并用自己的名字或宝宝称呼自己,到 2 岁左右,开始学会用"我",这是自我意识发展的一个重要飞跃。

与自我意识发展相伴随的是婴幼儿的一些独立甚至是叛逆的行为。如凡事都喜欢自己来,不管自己会不会;喜欢和成人对着干,喜欢说"不"。对于婴幼儿的这些表现,家长要正确对待,既要提供机会,让其有发挥自己能力的空间;又要耐心引导,防止其形成乖张暴戾的个性。

3. 开始使用工具

1 岁以后,随着五指的分化和手眼协调进一步发展,幼儿已经能准确地取放各种物品。1 岁半以后,幼儿拿到一件物品,已经不像从前那样,单纯停留在敲敲打打、随意摆弄,而是开始学着按照物品的特性进行使用了。(图1-3-2)

图1-3-2 1岁11个月幼儿在做三明治

在使用工具的过程中,他们会积极寻找最有效的使用方法,并反复练习这种有效方法和动作,主动掌握相关经验。但是,在自我意识膨胀的驱动下,即使使用方法不对,他们也会固执地练习,而听不进他人的建议。要到3岁左右,幼儿才能按照物品的特点来使用它,并根据客观条件来改变动作方式。

这一时期的幼儿在使用某种工具时,会出现偶尔的倒退现象,如已经学会用杯子喝水,可是忽然不好好喝水,而把水洒得到处都是。事实上,这是幼儿对熟悉的动作失去兴趣,在探索尝试新的动作,应该说是前进中的倒退。当他获得满足后,自然会按既有的正确方式去使用工具,所以成人不用过于担心,更不能斥责幼儿。

4. 学习调节情绪

研究表明,婴幼儿的许多基本情绪都是先天的,并且随着个体成长,逐渐表现并日趋丰富。快到2岁时,幼儿就表现出了许多复杂的情绪,比如害羞、内疚、羡慕、骄傲等。这些复杂的情绪已经不再受制于生理原因,而更多表现出的是有关自我意识的情绪。

1～2岁幼儿的情绪不仅变得复杂了,而且开始关注自己的情绪是否与周围的环境相吻合,能够被周围的人所接受认可,这要求他们不仅要能够识别和理解他人的情绪,还要对自己的情绪进行逐步调节和控制。如2岁幼儿哭闹着要求买某样东西的时候,会用手遮住眼睛,然后透过指缝来观察周围人的反应,如果成人流露出纠结的表情,那么他就会哭闹得更厉害;相反,成人置若罔闻,他很快就会给自己找个台阶,脱离这尴尬的情境。这充分证明了这个阶段的幼儿已经开始学习初步的情绪控制。

幼儿通过表达情绪来影响和成人的交流,加强相互之间的理解。幼儿对他人情绪的识别和理解也有助于他们在不同情境中做出恰当的行为,因此情绪能力的获得和培养对幼儿的发展至关重要。

三、2～3岁幼儿的心理特征

（一）认识过程发展

1. 言语的发生

言语是指个体运用语言进行交际的活动过程,包括听、读、说、写。言语不能简单地等同于语言,言语是一个动态的交流过程,而语言则是一种静态的工具。尽管它们的含义不尽相同,但是它们的关系却十分紧密。语言是在言语活动中形成和发展起来的,无法脱离言语独立存在,而必须借助言语活动来发挥其作用;言语活动必须借助语言这一重要的工具,婴儿也是在语言环境中学会言语的,如果没有语言,言语活动便难以继续下去。

按照言语的外部化和内部化特征,可将言语分为外部言语和内部言语两大类。

外部言语是用来与别人进行交流的言语,是指以听、说为主的言语,它通常有对话和独白两种形式。对话是在至少两个人的情境中进行的,如聊天、讨论等,在进行的过程中往往会辅之以表情、动作等其他言语形式。独白是个体在较长时间里独自进行的言语活动,如朗诵、演讲等,独白没有相应的情境依托,需要个体事先做好充分准备,表达时完整连贯、一气呵成,且要让听众理解。所以,相对而言,独白比对话更为复杂、要求也更高。内部言语是不出声的言语,是一种与自己对话的无声语言,一般与思维活动密切相关,是外部言语的内化,需外部言语发展到一定阶段才逐步产生的。

2～3岁幼儿尚不能很好地控制自己的发声系统,想到就立即说,且思维过程需借助外界条件进行,所以他们言语活动大多表现为外部言语,内部言语要到3岁以后才开始出现。同时,独白的要求较高,对话相对简单,2～3岁幼儿在对话活动中的语言表达更加清楚、连贯,而独白常常会出现结构松散、前后不一的现象。

2. 想象迅速发展

表象的发生使幼儿产生了想象。想象是对头脑中已有的表象进行加工改造,建立新形象的过程。这些旧的表象经过加工组合后,既可以形成过去未曾感知过的,也可以形成现实中不在的形象。

1.5～2岁左右,当事物不在眼前时,幼儿能够在大脑中出现关于该事物的表象。表象的发生使幼儿的认知活动发生了翻天覆地的变化,他不但能再认那些曾经出现在眼前的事物,还可以回忆起过去曾经感知而不在眼前的事物。如,1岁前婴儿遗落某样玩具,他不会寻找;而2岁时,玩具丢失后,他会寻找。

2岁以后,幼儿的想象迅速发展,并慢慢渗透到所有的活动当中去,并促使幼儿的认知活动发生了质的飞跃,如幼儿的想象越丰富、水平越高,就越有利于其对记忆材料的理解、加工,使得记忆的效率越高、保持时间越久。

2～3岁幼儿的想象以无意想象为主,想象经常是由外界的刺激引起,没有特定的目的,只满足想象的过程,因此容易受到情绪和兴趣的影响。想象的主题和内容显得非常零散、细碎、随性,有些时候甚至是记忆材料的简单迁移,且容易把想象和现实混淆在一起。

3. 思维的出现

思维是人脑对客观事物的概括和间接的反映。思维与其他认识过程相比,最大的区别在于它的间接性、概括性和解决问题的特征,因此我们可以将这三者作为衡量思维发生与否的标志。新生儿只有一些先天的本能反应,无法体现间接性和概括性的特点,因而不是思维。1岁以后,幼儿开始使用工具和表达意愿,如学会正确使用调羹吃饭,想要什么东西会伸出手去指,这些都表明思维开始萌芽。

2岁左右,幼儿开始能够借助语词概括事物的一些稳定性、一般的特征,如学会用"灯"这个词表示各种各样的灯,而不受灯的大小、颜色、形状等影响,说明其已经达到了思维水平的概括。同时,2岁的幼儿开始能用"试误"的方法尝试解决遇到的问题。如一个物品放在桌子上,幼儿开始够不着,他便尝试用不同的方法,一会儿踮起脚尖,一会儿伸长手臂,一会儿拿小棍去够,当他发现小棍长度与物品距离的关系后,便使劲伸长小棍,终于拿到物品。

至此,个体的认识过程,从感知觉到思维,呈现了质的飞跃。在这个过程中,婴幼儿通过不断地尝试,积累了一些经验,当他再遇到类似问题时,有可能很快就解决问题了,这就是真正的思维了。这一时期思维具有明显的直观性和行动性,但行动缺乏预见性和计划性,具有明显的自我中心特点。因此,成人在培养婴幼儿的思维能力时,应根据其特点,在与环境和材料的直接互动中进行。

(二)尝试生活自理

图1-3-3 婴幼儿在清洗餐具

《3岁以下婴幼儿健康养育照护指南(试行)》中明确提出"养育人要帮助婴幼儿建立规律的生活作息,养成良好的生活习惯,逐渐培养其自理能力,不包办代替。"[1]2～3岁时幼儿自主性发展的关键期,具有强烈的"自己来"的独立愿望,成人应因势利导,鼓励幼儿做些力所能及的事情,逐步培养幼儿日常生活初步自理的能力和习惯(图1-3-3)。这不仅有助于幼儿的动作发展、养成独立自主的好习惯,而且对将来适应幼儿园生活、增强自信心也是十分有利的。

在实际生活中,家长们或是认为幼儿尚小,能力差,等长大了再来学习这些事情,或是觉得这些生活琐事不重要,幼儿应该把宝贵的时间花在学习上,或是嫌弃幼儿做事磨蹭、拖拉,于是在生活中大多采取了包办代替的方式。在这种过度保护和溺爱的环境下成长起来的幼儿,独立性和自主性非但没有得到发展,反而滋生了懒惰、依赖的坏习性。

其实,只要相信幼儿,采取恰当的指导方式,他们还是能够进行一些简单的生活自理的。在指导幼儿进行生活自理的过程中,家长可以借助一些有趣的儿歌、轻松的游戏来帮助幼儿掌握某项生活技能。如教幼儿穿衣服时,就可以借助儿歌"抓领子,盖房子;小老鼠,钻洞子,左钻钻,右钻钻;吱吱吱上房子",让幼儿在轻松愉悦的氛围中学会穿衣服。其次,生活自理能力的培养贵在持之以恒,家长要担负起督促幼儿积极完成的责任。如果三天打鱼两天晒网,幼儿是无法真正提高生活自理能力的。最后,民主平等的家庭氛围有利于幼儿自主性的提高,应努力营造家庭生活的良好氛围,所有成员都参与到家庭事务中,享受一起做事的欢乐。

(三)好奇好动好探索

好奇是人类的天性,求知是人的本能。2～3岁的幼儿开始表现出不同于以往的探索精神。随着生活环境的慢慢扩展,幼儿关注的事情越来越多,好奇心急剧膨胀,并时常付诸实际行动。有些人称这个阶段的幼儿为破坏王,因为一旦他们对某样东西产生兴趣,便会动手去抚

---

[1] 国家卫生健康委员会.3岁以下婴幼儿健康养育照护指南(试行)[EB/OL].2022-11-19.国卫办妇幼函〔2022〕409号.

摸、拽动甚至进行拆分。表面上看,幼儿在进行的是破坏行为,实际上是他对该事物充满好奇,想探索其中的奥秘。(图1-3-4)

图1-3-4 2岁10个月幼儿在玩游戏

陶行知先生曾经提出解放儿童的眼睛、解放儿童的嘴、解放儿童的双手、解放儿童的大脑、解放儿童的空间和解放儿童的时间。这个时期的幼儿在思考的时候,必须借助具体的行动,尤其需要成人对其思考和行为提供支持,成人应采取积极欣赏的态度,鼓励幼儿的探索行为,让幼儿在动脑、动手中收获有益经验。

2~3岁幼儿的经验毕竟有限,并不一定次次都能朝着有价值的方向思考,因此除抱支持的态度外,成人可以通过设置问题情境、提供操作材料、合作探究等方式,支持幼儿的探究认识活动,满足幼儿的好奇心。

(四)开启同伴交往

同伴关系是同龄人或年龄相仿的人之间的交往。婴幼儿间的同伴交往在塑造其个性和促进社会性发展方面,具有成人无法取代的作用。同伴交往为婴幼儿赢得了实践社会交往技能的平台,有利于婴幼儿在与他人的交往中逐渐形成自我概念。婴幼儿在与同伴的交往中获得认可和接纳,能够满足其归属感和爱的需求,这对婴幼儿心理健康发展是十分必要的。因此成人不能粗暴干预或制止婴幼儿的同伴交往,而应创造条件,增加其与同伴交往的时间,帮助他们建立良好的同伴关系。

尽管相对于2岁以前,2~3岁的幼儿的言语和动作能力提高、生活空间逐步扩展,使同伴交往真正地出现了。但总体而言,3岁以前,婴幼儿主要的游戏伙伴依然是成人,因此同伴关系只是松散地存在,同伴交往十分有限。从3岁起,幼儿进入幼儿园后,与同伴交往的频率、范围和方式都将发生巨大的变化(图1-3-5)。

图1-3-5 婴幼儿在和同伴愉快地游戏

育儿宝典

入园前要作哪些准备？

按照国家的相关规定,小班孩子的入园年龄应满3周岁,有些幼儿园还设置了小小班,入园年龄提前到了2岁半甚至2岁。那么在入园前应做好哪些准备呢?

1. 防病准备

入园第一学期是"生病高峰",家长深有体会。第一学期,先是帮助孩子缓解分离焦虑,等孩子不哭不闹了,稍稍适应幼儿园了,就开始没完没了地生病。因为宝宝从母体得到的抗体在6个月大时基本消耗完,随着年龄的增长,孩子机体的免疫系统逐渐发育成熟,3岁以后,抗病能力会有明显提高。但抗体是高度特异性的,只有机体受到某一病原体的侵袭后才会产生抗体。入园后,一是孩子平时受到全家人精心呵护,身体的抗寒抗疲劳能力较差;二是集体生活使孩子接触的人员增多,增加了病原体侵袭的几率;三是刚入园,孩子到一个新的环境,精神紧张导致抗病能力下降,就很容易生病。所以,家长要在平时做好预防工作,包括让孩子多喝白开水,多吃新鲜水果蔬菜,注重荤素搭配,保持孩子情绪愉快,及时给孩子增减衣服,规律作息,多到户外活动,按时接种疫苗等。

2. 能力准备

能力准备主要是重点训练孩子"吃、睡、拉"的能力。首先,在睡眠训练方面,通常幼儿园的午睡时间在12:00~14:00。因此,家长在入园前就要合理安排孩子的午餐时间,尽量在12点之前结束,然后漱口、擦嘴上床睡觉。下午2点左右准备叫醒。晚上睡眠时间也要调整固定下来,9点之前应该入睡。其次,在吃饭训练方面,如果孩子吃饭还处于"追着喂、哄着喂、边看电视边喂"状态,那一定要想办法纠正,尽可能做到固定时间、固定地点、固定饭量,以便孩子更好地适应幼儿园生活。最后,在如厕训练方面,最好能培养孩子按时排便的习惯,孩子初上幼儿园,因为紧张,"拉裤子"的情况时有发生,这会给孩子留下心理阴影,所以,要训练孩子自己如厕的习惯。

3. 心理准备

家长如果有时间,可以带孩子到幼儿园转转,让孩子感受"我已经长大了,所以要上幼儿园了!";也可以在家做一些上幼儿园的游戏或背着小书包演练一番,告诉孩子上幼儿园可以学好多本领,可以和很多小朋友一起游戏,让孩子期待上幼儿园。同时,家长应当坚信:上幼儿园是孩子社会化的重要一步,对孩子的成长有很多好处,孩子有很强的适应能力,只要我们给予适当的帮助,上幼儿园就会是件快乐的事情。

4. 衣物玩具准备

与孩子一同准备上幼儿园时所需的衣服和用品,衣服要宽松舒适便于活动,不买系鞋带的鞋子等,还可以让孩子挑选自己喜欢的玩具带去幼儿园,因为刚入园的孩子手里拿着自己熟悉的东西,会有一定的安全感。

任务思考

1. 0~1岁婴儿的心理特征是什么？请为其设计一个小游戏。

2. 1~2岁幼儿的心理特征是什么？请为其设计一个小游戏。

3. 2～3 岁幼儿的心理特征是什么？请为其设计一个小游戏。

4. 请举例说明研究 0～3 岁婴幼儿心理发展的重要意义。

5. 请运用观察法研究分析一个 0～3 岁婴幼儿的行为，并做简要评述。

6. 请举例说明影响婴幼儿心理发展的因素。

实训实践

实训实践任务(一)

1. **任务名称**　观察记录并分析婴幼儿的心理发展特点。

2. **任务内容**　在见实习期间，选取一位婴幼儿进行个别观察，观察并详细记录其某个时间段或某个游戏活动中的语言、行为等，并尝试运用所学的婴幼儿心理学的相关知识分析婴幼儿在活动中表现出来的心理发展特点。

3. **任务要求**

(1) 真实客观记录婴幼儿的语言、行为，内容简要，信息丰富；

(2) 针对婴幼儿在活动中的表现进行分析，分析恰当，有一定理论依据。

4. **任务目标**　依据所学准确分析婴幼儿在活动中表现出来的心理发展特点。

5. **任务准备**　笔、记录本、录音笔或摄像机。

6. **任务实施过程**

(1) 复习项目内容，选择记录对象；

(2) 根据前期经验，计划观察要点；

(3) 避免干扰婴幼儿，简要记录内容；

(4) 整理资料，形成文本（表 1-3-1）。

表 1-3-1　观察记录并分析婴幼儿的心理发展特点

观察时间	年　　月　　日　　星期　　午　　___时___分—___时___分	
婴幼儿年龄	性别	
观察主题		
观察记录内容		
分析		

实训实践任务(二)

1. **任务名称**　调查婴幼儿家庭教育理念。

2. **任务内容**　在见实习期间，对部分婴幼儿家长进行问卷调查，记录统计问卷结果，并尝试运用相关知识分析家庭教育理念。

3. 任务要求

(1) 制定调查问卷,内容全面,信息丰富;

(2) 针对调查问卷结果进行分析,分析恰当,有一定理论依据。

4. 任务目标　依据所学知识分析家庭教育理念。

5. 任务准备　根据关注的要点制作调查问卷。

6. 任务实施过程

(1) 复习项目内容,制订调查问卷;

(2) 选择对象,发放问卷;

(3) 整理资料,形成文本。

婴幼儿家庭教育理念问卷调查表(举例)

亲爱的家长,您好! 本问卷旨在了解家庭教育理念与婴幼儿成长的关系,以期寻求更加科学的教育方式,促进婴幼儿健康成长。请您结合实际情况如实填写,答案没有对错之分。感谢参与,祝您生活愉快!

孩子年龄:＿＿＿＿　性别:＿＿＿＿　家长年龄:＿＿＿＿　学历:＿＿＿＿

1. 您是孩子的(　　)。

A. 父母　　　　　　　　　　B. 祖父母(外祖父母)

C. 保姆　　　　　　　　　　D. 其他

2. 您最关心孩子哪方面的成长(　　)。

A. 动作　　　　　　　　　　B. 语言

C. 认知　　　　　　　　　　D. 情绪

E. 社会性

3. 您的育儿知识主要来源于(　　)。(可多选)

A. 长辈朋友　　　　　　　　B. 自己摸索

C. 书籍、网络　　　　　　　D. 托育机构、家长学校　　　　E. 其他

4. 您选择托育结构最看重的是(　　)。

A. 硬件条件　　B. 接送方便　　C. 收费合理　　D. 教养理念　　E. 其他

5. 您觉得孩子在托幼机构最大的收获是(　　)。

A. 生活习惯　　B. 运动发展　　C. 语言能力　　D. 人际交往　　E. 其他

6. 您每天和孩子交流互动的时间是(　　)。

A. 2小时以上　　B. 1~2小时　　C. 0.5~1小时　　D. 0~0.5小时　　E. 无

7. 您平时和孩子互动的方式主要是(　　)。

A. 生活照顾　　B. 运动　　　　C. 玩玩具　　　D. 亲子阅读　　E. 其他

8. 对于孩子的需要、兴趣或个性,您的了解程度(　　)。

A. 非常了解　　　　　　　　B. 比较了解

C. 一般了解　　　　　　　　D. 了解较少

E. 不了解

9. 对于孩子的需要和想法,您的态度(　　)。

A. 不管怎么样,完全满足　　B. 合理需要,尽量满足

C. 有选择性地满足　　　　　　　　D. 孩子太小,家长做决定即可

E. 其他

10. 对于犯错的孩子,您的态度(　　　)。

A. 耐心讲道理,引导改正　　　　　B. 责骂孩子,批评指正

C. 孩子小,难免犯错,不在意　　　　D. 有些茫然,不知所措

E. 其他

11. 您经常采取的教育方法是(　　　)。(可多选)

A. 沟通交流法　　B. 榜样示范法　　C. 批评惩罚法　　D. 善意恐吓法　　E. 其他

12. 您的教育方法,通常情况下(　　　)。

A. 非常有效　　　B. 比较有效　　　C. 效果一般　　　D. 没有效果　　　E. 其他

13. 在育儿方面,您希望得到哪些支持或信息?

赛证 链接

1. 幼儿园老师通过记录幼儿在日常生活与活动中的表现来分析其心理特点,这种研究方法是(　　　)。(2023年上半年《保教知识与能力》单选题)

在线练习

A. 观察法　　　　　B. 谈话法　　　　　C. 测验法　　　　　D. 实验法

2. 通过分析幼儿手工成果来了解其心理的方法是(　　　)。(2022年下半年《保教知识与能力》单选题)

A. 调查法　　　　　B. 自然观察法　　　C. 实验法　　　　　D. 作品分析法

3. 婴幼儿的"认生"现象经常出现在(　　　)。(2016年下半年《保教知识与能力》单选题)

A. 3～6个月　　　B. 6～12个月　　　C. 1～2岁　　　　D. 2～3岁

4. 在儿童的日常生活、游戏等活动中,创设或改变某种条件,以引起儿童心理的变化,这种研究方法是(　　　)。(2015年上半年《保教知识与能力》单选题)

A. 观察法　　　　　B. 自然实验法　　　C. 测验法　　　　　D. 实验室实验法

项目二 婴幼儿动作和言语发展

项目 导读

　　动作和言语的发展是婴幼儿早期发展的两大重要领域,对其认知、社交和情感发展具有深远影响。本项目通过两个任务系统探讨0～3岁婴幼儿动作和言语发展的阶段性特点。任务一聚焦动作发展,基于不同年龄阶段婴幼儿动作发展的基本特征,揭示动作发展对婴幼儿探索世界的重要性。任务二则深入分析言语发展,从咿呀学语到学会简单句子的表达,帮助学习者理解言语发展的关键阶段及其影响因素。

　　通过学习本项目,学习者将能够识别婴幼儿动作和言语发展的基本特征,掌握促进其发展的有效策略,为未来在早期教育和托育服务中提供有针对性的支持,促进婴幼儿的全面发展奠定基础。

学习 目标

　　1. 知识目标:了解婴幼儿动作、言语发展特点和规律,掌握促进婴幼儿动作、言语发展的策略。

　　2. 能力目标:能分析、评价不同年龄阶段婴幼儿动作、言语发展水平,并采取恰当的方法促进婴幼儿的动作、言语发展。

　　3. 素养目标:尊重婴幼儿动作、言语发展特点和规律,关注个体差异,促进婴幼儿全面发展。

知识 导图

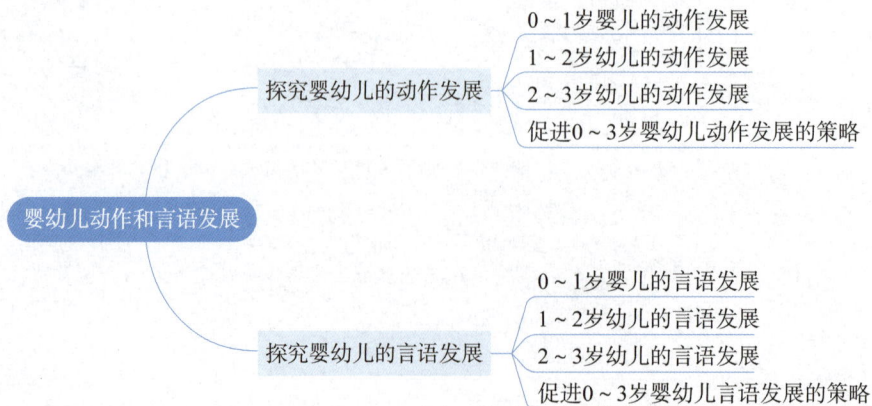

婴幼儿动作和言语发展
- 探究婴幼儿的动作发展
  - 0～1岁婴儿的动作发展
  - 1～2岁幼儿的动作发展
  - 2～3岁幼儿的动作发展
  - 促进0～3岁婴幼儿动作发展的策略
- 探究婴幼儿的言语发展
  - 0～1岁婴儿的言语发展
  - 1～2岁幼儿的言语发展
  - 2～3岁幼儿的言语发展
  - 促进0～3岁婴幼儿言语发展的策略

📚 任务一　探究婴幼儿的动作发展

案例导入

　　傍晚,小区里聚集了许多带着孩子出来玩耍的家长们,如往常一般,他们的话题始终围绕着自家孩子的一举一动。"我家妞妞3个多月,还不会翻身,之前她哥哥像她这么大时,已经会了。有点着急啊!""我家宝宝13个月了,能扶着站,还不会走,你们有没有用过学步车或学步带?效果怎么样?""专家说小孩子要多爬爬比较聪明,我家姑娘就是不乐意,让她趴会儿都不干,就喜欢坐着。"……孩子成长中的每一个环节都牵动着父母的神经。当你遇到这些家长时,你会如何回应呢?在本任务的学习中,你将了解婴幼儿动作发展的规律,可一一解开父母们的困惑。

　　动作是身体的活动或行动,具有保障生存、促进发展的双重价值,是人的最基本的能力之一。当人做出某个动作时,不仅牵动着运动器官,更离不开神经系统、心理系统的协同作用,它不是孤立的,是包含在人的整体活动之中的。人的动作发展始于先天的无条件反射,0～3岁阶段是基本动作产生和发展的关键阶段。婴幼儿的动作发展不仅影响以后的运动能力,还是婴幼儿认识周围事物、推动认知发展、发展自我意识、学习与人交往的方式,影响其身心全面发展。毫不夸张地说,早期的动作发展水平标志着心理发展的水平。

　　事实上,婴幼儿的动作发展不仅意义非凡,经过国内外心理学家们的研究,婴幼儿动作发展还遵循特定的规律。

　　从整体到分化:婴儿最初的动作是全身性、弥漫的、笼统的、混乱无规律的,如新生儿的手臂被蚊子叮了,会哭闹着全身乱动;之后婴幼儿的动作逐渐分化,朝着局部的、准确的、专门化的方向发展。

　　从上到下:婴儿的动作按照头部、躯干、四肢的顺序发展,上肢的动作早于下肢的动作,俗语"三抬四翻七坐八爬九站周岁走"说的就是如此。

　　从大到小:婴儿先发展的是幅度大的大肌肉动作,而后才是幅度小的手部小肌肉动作。

　　从近到远:靠近身体中央部位(头颈、躯干)的动作发展先于边缘部位。

　　从无到有:婴儿刚开始的动作是无意识的,慢慢地有了简单的目的,越来越受到意识的支配,动作发展规律服从于心理发展规律——从无意向有意发展。

　　总之,婴幼儿的动作发展是按照一定的方向,有规律、有秩序地进行,但受到各种因素的影响,在发展的过程中也存在着发展不平衡、个体差异性的特点。

一、0～1岁婴儿的动作发展

(一) 先天反射动作

　　新生儿时期,会陆续出现十几种先天反射动作,这些动作无需学习,只要在一定刺激下即可自动产生。常见的反射动作有以下6种。

　　觅食吸吮反射:当用奶头或奶嘴轻轻触碰新生儿的脸颊时,新生儿会把头迅速转向被触碰的一边,张大嘴巴,含住并用力地吸吮,这个反射使新生儿能够顺利进食。

眨眼反射:当有强光或刺激物靠近新生儿的眼睛时,新生儿会做出眨眼动作。

抓握反射:当有物体触碰新生儿的手心时,新生儿的手指就会自动收缩,紧紧握住触碰的物体。有的力气非常大,甚至能通过抓握物体把自己的身体悬挂起来。

踏步反射:用双手托住新生儿的腋下,将其竖直抱起,让其双脚接触坚实的表面,他的双脚就会交替向前迈步,似乎在走路。

游泳反射:将新生儿以俯卧的方式放入水中,他的四肢会做出类似游泳的协调动作。当4~6个月时,该反射消失,若再将婴儿放入水中,他就会挣扎。

巴宾斯基反射:当有物体触碰新生儿的脚心时,新生儿的五个脚指头便会迅速张开,呈扇形,然后脚朝里弯曲。

在新生儿的先天反射动作中,有些对于生存具有积极的意义,如眨眼反射;有些在进化过程中失去了其实际的意义,如巴宾斯基反射,但这些反射动作的存在仍可作为检查新生儿的神经系统功能是否正常的重要依据。此外,这些先天反射动作大部分将于出生半年内陆续消失。

(二)粗大动作发展

0~1岁婴儿的粗大动作发展主要包括:抬头、翻身、坐、爬、站等。

抬头:在2~3个月时,婴儿的头可以慢慢地抬起来,刚开始脖子软弱无力,抬头的幅度较小、时间较短,到4~6个月时,在竖抱或抱坐的情况下,婴儿可以将头抬得稳稳的。

翻身:4个月左右,婴儿开始出现翻身动作,先是仰卧翻身,再是俯卧翻身,以后动作逐步灵活自如,并能在翻身的同时转动头部。

坐:5个月左右,婴儿可以在家长帮扶或倚着靠垫的情况下坐一会儿,但身体会向前倾,容易失去平衡;6~7个月,婴儿基本可以自己用手支撑着独坐。之后,婴儿可以独立支撑独坐,双手还可以拿东西,且能在坐卧之间来回切换。

爬:8个月左右,婴儿的上肢具备了一定的力量,开始学习爬行,先是双手撑住上半身,腹部贴着地面,两腿拖在后面,借助手臂带动、腹部蠕动的方式向前爬。慢慢地,可以进行手膝着地爬,至10个月,动作较灵活敏捷,也能坚持较长时间。

站:经过爬行的练习,婴儿的下肢得到了锻炼,约10个月时,婴儿可以扶物站立,约11~12个月时,婴儿可以脱离支撑物,独自站立片刻。有些婴儿在这个时期能够扶着栏杆或牵着成人的手走几步,但动作不协调,容易摇晃或摔倒。

(三)精细动作发展

抚摸动作:2~3个月的婴儿会对放在他手中的物品进行抚摸,这种抚摸是无目的、无方向、无意识的,对于周围的物品无法进行有目的的抓取。

抓握动作:3~4个月的婴儿开始对放在手上的物品或周围的物品进行抓握,手指无法灵活配合,且由于手眼不协调,很难准确地抓握,仍带有无意识、无目的的特点。

手眼协调动作:6个月左右,手的动作有了明显的进展,婴儿伸手能抓住放在眼前的物品,在这过程中手眼逐步协调,这是视觉、触觉、运动觉等协同作用的结果。手眼协调动作是婴儿心理发展中的重要里程碑。但此时的双手还无法进行合作分工,双手之间就像隔着一道无形的屏障,如婴儿手上拿着一个玩具,他想再去拿另一个玩具,会先把手上的玩具放下,而不是同时使用两只手各拿一个玩具。

灵活的手指:8个月以后,婴儿在反复用手的过程中,手部动作迅速发展,双手可以来回传递物品。从手掌抓握转向手指取物,手指变得更加灵活,陆续出现了拇指和其余四指对立的抓

视频

爬行很重要

握、三指(拇指、食指、中指)抓取物品、两指(拇指、食指)指尖抓取、食指独立抠出物品等更加精细的动作。

0~1岁婴儿手部的精细动作,从无意识到有意识,探索范围从自身向周围环境逐步拓展,手的动作从整体抓握到五指分化,手的灵活性、协调性在反复的练习中得以发展。

二、1~2 岁幼儿的动作发展

(一) 粗大动作发展

1~2岁幼儿粗大动作发展主要包括爬、走、跑、跳、投掷等。

爬:1岁以后,幼儿能灵活地在地面上来回爬行,并尝试着爬楼梯,先是向上爬楼梯,一岁半以后,学会了向下爬楼梯。对于桌子上他们原本够不着的物品,也可以爬上椅子或沙发去够取。

走:13~16个月,大部分幼儿可以独立行走,行走的流畅性和稳定性也逐步提高,能较为自如地调节行走时的起止、方向。一岁半以后,除了常规地向前走,幼儿还开启尝试有趣好玩的花式走路,如后退走、绕障碍走、拉物体走等。

跑:走得比较稳以后,幼儿开始尝试着跑,很不熟练,手脚无法协调,难以控制速度和保持平衡,容易摔倒;约2岁的幼儿能小跑一段,经常是走跑交替,步幅不均,节奏不稳。

跳:跳跃动作对力量、协调、平衡各方面的能力要求较高,此阶段的幼儿尚不具备独立跳跃的能力,但可以在家长或教师的帮助下做一些不那么规范的跳跃动作,如家长牵着手从低矮的台阶跳下、家长扶住并提拉腋下的原地跳。

投掷:一岁半以后,幼儿可以丢沙包、在地面上滚球、举手过肩扔球,但力量感和方向感都较差。

总之,1~2岁阶段的幼儿,由爬行状态转向站立状态,能够独立做一些动作,接触的事物更加丰富,他们也乐于探索、喜欢挑战一些新的动作,如踢球、走平衡等。

(二) 精细动作发展

手眼协调动作:1岁以后,幼儿的手眼协调动作更加熟练准确,幼儿会熟练地取放物品,反复地摆弄手中的物品以了解特性,他们还喜欢重复一些简单的动作,如撕纸、摁开关、敲打积木、一页一页翻书等。特别是1岁半以后,随着手指力量的增加,幼儿还会握笔随意涂抹、进行3~5块积木平铺垒高等。

使用工具:幼儿双手抓握、取放动作协调灵活,双手能配合学习一些简单的工具使用,比如用双手扶着水杯喝水、拿勺子吃饭。他们还会尝试一些简单的生活自理动作及简易的劳动(图2-1-1),如脱袜子、把纸张丢到垃圾桶等。

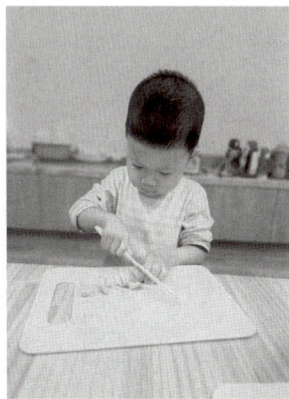

图 2-1-1　1 岁 11 个月幼儿在切火腿肠

用手偏好:1岁半以后,幼儿已经显现出用手偏好,大部分人更偏好于使用右手。

三、2~3 岁幼儿的动作发展

(一) 粗大动作发展

这个阶段的幼儿各种基本动作均已出现,能听懂成人的指令,协调四肢完成一些复杂的动作,肌肉控制能力和运动水平相比之前,有了质的飞跃。

爬：对于该阶段的幼儿而言，爬不仅是其前进的方式，而且更多是游戏。幼儿在地面上爬行时手脚协调性好，但在爬网、攀爬墙上，动作的灵敏性、协调性不佳，会出现同手同脚的现象。此外，在上下楼梯方面，幼儿从双手扶着栏杆以两步一级的方式慢慢过渡到一手扶着栏杆一步一级上下台阶。（图2-1-2）

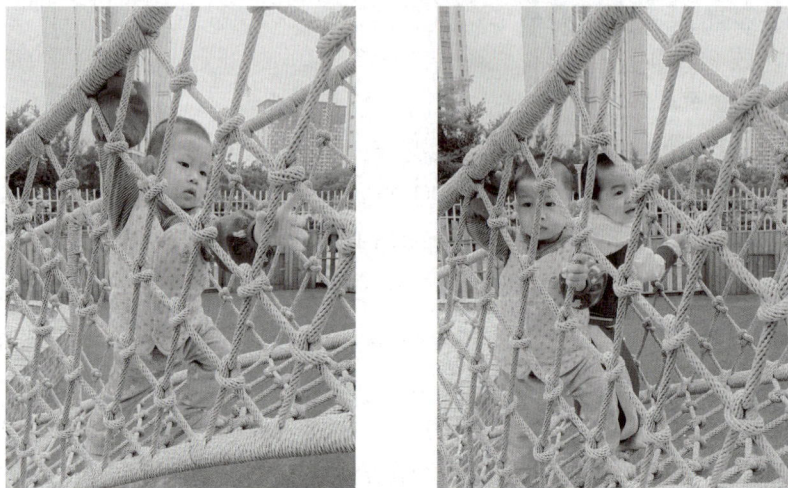

图 2-1-2　2 岁幼儿在爬网

走：幼儿走得较为平稳，能在有障碍物的地面上灵活避让。且能单脚站立一小会儿。

跑：幼儿跑步的技能在这个阶段发展非常迅速，从开始的独立跑步，到 3 岁时，大部分幼儿都能快跑一小段距离，但节奏不稳、步幅小，以小碎步为主，上下肢协调不好。

跳：幼儿学会了原地跳跃和连续跳跃。总体而言，幼儿蹬地力量小、起跳难、跳得低、落地重，不太会屈膝缓冲。（图2-1-3）

投掷：幼儿学会也乐于参与一些简单的投掷动作，如滚球、抛球、投球等，有一定的方向感，力量小。

其他：有些幼儿在这个阶段会进入到托育机构中，在教师的示范和带领下，能听懂一些简单的指令，跟着音乐做简单的模仿操。

图 2-1-3　3 岁幼儿在跳跃　　　　　　　图 2-1-4　3 岁幼儿在剪纸

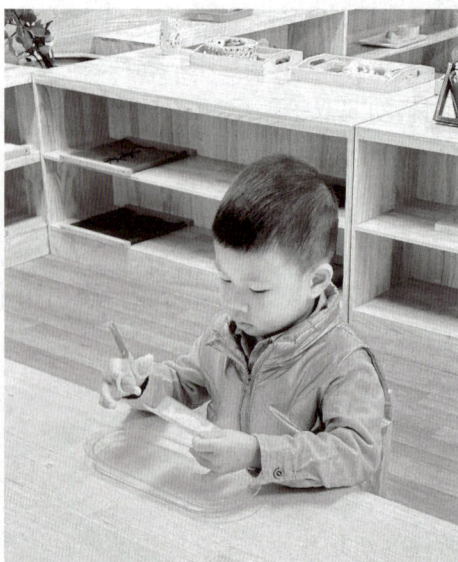

（二）精细动作发展

2岁以后，幼儿的双手更加灵活有力了，能熟练配合做很多事情。生活中，幼儿掌握了一些简单的生活技能，如自己吃饭、洗手、穿鞋袜和简单的衣服，能转动门把手、拧瓶盖、操控家里电视或空调之类的遥控器等。在游戏中，他们乐意参与更多的活动，游戏水平也有了一定的提升，如搭5块以上的积木，串花生米大小的珠子，能握笔画线或圆、拼图、剪纸等（图2-1-4）。

四、促进0～3岁婴幼儿动作发展的策略

婴幼儿的动作发展具有一定的阶段性和规律性，前一个阶段动作的发展为下一个阶段动作的出现奠定了基础，同时也提升了婴幼儿的自主性和独立性，成人应遵循婴幼儿身心发展规律，采取有效策略确保婴幼儿掌握基本的大运动技能，达到良好的精细动作发育水平。

（一）保证充足营养

0～3岁婴幼儿处在生长发育阶段，新陈代谢旺盛，食物摄入除了提供维持基础代谢、生长发育所需的大量能量外，还要弥补日益增长的身体活动量所需的消耗。充足的营养是其一生健康成长的坚实基础。营养过剩或营养不良都会对婴幼儿的生长发育和动作发展造成影响。营养过剩的婴幼儿往往身体肥胖、行动迟缓，而营养不良的婴幼儿则身体瘦弱、运动乏力。因此，成人应为婴幼儿提供与年龄发育特点相适应的食物，保证其规律进餐，同时为婴幼儿创造安静、轻松、愉快的进餐环境，培养其良好的就餐习惯。1岁左右，在成人看护下可以鼓励婴幼儿尝试自己进食。此外，婴幼儿的消化系统处于发育阶段，吸收消化功能不够完善，成人在为婴幼儿准备食物时除了考虑营养均衡之外，还要考虑婴幼儿的接受能力，如在添加辅食时，注意从富含铁的泥糊状食物开始，遵循由一种到多种、由少到多、由稀到稠、由细到粗的原则，观察婴幼儿接受新食物的反应，及时回应需求。

（二）营造运动环境

婴幼儿的动作发展除了自然成熟外，更需要丰富多样的运动刺激，因此成人应结合婴幼儿动作发展特点，在日常生活环节为其营造良好的身体活动环境。一是保证充足的户外活动时间。除雾霾、暴雨、高温等极端天气外，成人应保证婴幼儿每日的户外活动时间不少于2个小时。日光、空气和水等自然条件是婴幼儿身体最好的滋养，让婴幼儿在自然环境中走一走、跑一跑、跳一跳、玩一玩，不但可以提高婴幼儿的身体运动能力，还可达到刺激感官、拓宽视野、促进交往、愉悦心情等效果，可谓一举多得。二是给予婴幼儿足够的探索机会。在日常生活中，有些家长担心婴幼儿年龄小、能力弱，事事照顾周全，不敢有一丝松懈。事实上，婴幼儿的能力是在主动的活动中发展起来的，特别是自我意识觉醒后，婴幼儿乐于进行各种尝试，对周围事物充满好奇，婴幼儿在尝试过程中可能会存在一些脏乱糟的状况，成人要克制包办代替的想法和行为，持鼓励接纳的态度，保护婴幼儿的探索欲望，学会适当放手，让其主动活动。三是提供丰富、适宜的材料。婴幼儿的动作发展离不开适当的玩具材料，成人可以结合家庭环境特点给婴幼儿提供适宜的材料。如婴幼儿在刚开始学爬和学走阶段，成人可在家中利用围栏、沙发等隔出一块相对安全、宽敞的空间，让婴幼儿自由活动。再如2岁左右，成人可以提供画笔、积木、串珠、拼图等，提升婴幼儿手眼协调性和小手肌肉的控制能力。

（三）尊重个体差异

婴幼儿的动作发展遵循特定的规律，但个体的发展水平、发展速度是不一致的，且每个婴幼儿的个性特征、成长环境也有所差异，更加剧了这种差距。以家庭环境为例，有的家长怕孩

子在运动过程中受到伤害,担心天气冷在地板上爬会着凉等,在婴幼儿早期,躺和抱比较多,保护和限制过多,肌肉关节发展受限,导致爬行较晚甚至未经过爬行直接走;还有的家长包办代替多,婴幼儿自己动手机会少,影响其精细动作发展水平。"格赛尔双生子爬梯实验"强调了成熟因素在个体发展中的重要性,因此成人应尊重婴幼儿的自然发展规律,细心观察、因材施教,循序渐进地提供材料、进行指导,切勿操之过急、揠苗助长。婴幼儿动作发展存在着差异,对于一些发展相对落后的婴幼儿,家长也不要过于担心,有针对性地练习是可以有效提升其动作水平的。同时,婴幼儿的身体还处在发育阶段,不要让其过度劳累。

(四) 注意亲子互动

0~3岁婴幼儿主要在家庭中生活,其互动对象大多为家长。因此,在促进婴幼儿动作发展方面,家长应注意与婴幼儿进行良好的亲子互动。一方面,婴幼儿身体脆弱、缺乏安全常识,容易出现运动过度、材料使用不当等安全隐患,家长陪伴可以保证婴幼儿在运动过程中的安全。另一方面,家长可以对婴幼儿的动作进行科学的引导、积极的回应和持续的鼓励,提高其成功的概率,让婴幼儿体验成就感、满足感,密切亲子关系。值得注意的是,相比于语言上的指导,家长的亲身示范、参与互动更能激发婴幼儿的运动兴趣,具体形象的示范可以加深婴幼儿对动作的理解,因此家长应注意与婴幼儿一起玩耍运动,共享活动乐趣。

育儿宝典

游戏名称:抓泡泡(1.5~2岁)

游戏目的:提高孩子的注意力及手眼协调能力。

游戏准备:泡泡瓶一个(可自制肥皂水代替)。

游戏玩法:成人吹出泡泡,吸引孩子的注意力,鼓励孩子追逐泡泡,并伸手去抓泡泡。如孩子累了,可以变换角色,换成人追泡泡,增加游戏乐趣。

注意事项:选择安全、宽敞的场所游戏,避免发生危险。

游戏名称:背物爬行(8~12个月)

游戏目的:刺激触觉系统,促进感觉统合协调发展。

游戏准备:足够大的地毯一块、毛绒玩具一个。

游戏玩法:把地毯平铺在地板上,让孩子双腿半跪在地毯上,两手撑地,眼睛看向前方,把毛绒玩具放在其背上,要求孩子保持平衡,从地毯一端爬向另一端,毛绒玩具不能掉下来。

注意事项:应选择客厅等相对宽敞的地方。

游戏名称:捡积木(7~18个月)

游戏目的:训练手部小肌肉动作,提高手眼协调能力。

游戏准备:大小颜色不同的积木、积木盒。

游戏玩法:将积木倒出来散落在桌上或地垫上,鼓励孩子将积木一块一块捡起来放进积木盒里。

注意事项:可结合孩子认知发展水平,鼓励孩子按大小或颜色对积木进行分类摆放。

如何帮助宝宝更好地爬?

半岁以后,宝宝开始爬了。爬行对于宝宝的成长好处多多,爬行能使宝宝的骨骼、肌肉得到锻炼,增强肢体协调性,为站立、行走打下基础;爬行还能开阔宝宝的视野,加强多种感官的协同合作,促进大脑发育;爬行是宝宝走向独立的开始,有意地培养宝宝爬行动作,能激发其探究陌生世界的积极性,锻炼宝宝的意志,使其体验到成功的喜悦。那么宝宝在爬行阶段,家长可以做些什么呢?

第一,重视俯卧时间。即从小在宝宝清醒的状态下,多让宝宝趴。俯卧的时间就得到了保证,减少了宝宝颅骨变形的风险,也有助于帮助他锻炼头部、颈部、肩部的肌肉,提高宝宝的运动能力,让宝宝尽快学会翻滚爬行。特别提醒,宝宝俯卧的时候,成人一定要在场看护。

第二,提供爬行环境。有些家长喜欢整日把宝宝抱在怀里,生怕宝宝磕了碰了。任何能力的获得,都需要锻炼,所以不要怕宝宝弄脏了衣服和小手,硌疼了膝盖,放手让他们爬吧。家长需要做的是给宝宝提供足够宽敞、安全的爬行区域,保证充足的自由爬行时间,让宝宝尽情地挥动四肢。

第三,提供有趣玩具。宝宝在练习爬行的同时,家长可以在孩子前方放置一些孩子喜欢的小玩意,如颜色鲜亮的玩偶、声音悦耳的串铃等,吸引孩子努力往前爬,同时也能锻炼他们的专注力。家长注意别把难度设置得过高哦!

第四,陪伴宝宝爬行。家长可以在宝宝爬行的时候,和他一起练习,给宝宝做示范,宝宝熟练了,和宝宝比赛爬行,还可以变成"山坡"或"树洞",提高爬行的难度,家长的花式陪伴既增加了爬行的趣味性,又密切了亲子关系。

最后,宝宝在爬行的时候,我们发现很多宝宝并不是一下子就能以经典的手膝着地爬方式进行,开始可能会出现肚子贴地爬、翻滚前进、后退爬、匍匐爬行等方式,这些都没关系,最重要的是宝宝在努力进行独立运动。

任务思考

1. 简述0～3岁婴幼儿动作发展的规律。
2. 简述促进0～3岁婴幼儿动作发展的策略。
3. 尝试设计一个促进婴幼儿精细动作发展的游戏。

任务二　探究婴幼儿的言语发展

案例导入

霖霖在1岁10个月时进入早托机构开始全日托的生活,从最初几天的抗拒到2周后的默默接受,他经历了出生以来最大的挑战。入园时,霖霖的语言表达能力还比较弱,只会说一些简单的表达意愿的词汇,如"喝喝""便便""不要"……每日离园,妈妈都会问霖霖今天在园过得开心不开心,吃了什么,和谁一起玩了,有没有人欺负他……有时候霖霖并不能表述清楚,妈妈还需要去跟教师确认霖霖在园的行为和情绪表现。

作为教师、家长,我们该如何评价霖霖的言语表现?是否在正常水平?又该如何与霖霖进行沟通,并促进他的言语发展?

在该任务中,你需要了解婴幼儿言语的发生与发展内容,理解婴幼儿言语发展的特点,掌握启蒙婴幼儿言语发展的方法;能分析、评价不同年龄阶段婴幼儿言语发展水平,并采取恰当的方法促进婴幼儿的言语发展。

言语是指个体根据所掌握的语言知识表达思想进行交流的过程。言语活动包括"发出"和"接收"两方面。语言只有通过言语活动才能体现它作为交际、交流工具的职能,成为活的语言;而言语也离不开语言这个工具。两者互相联系、密不可分。

心理学一般把言语分为外部言语和内部言语,内部言语在婴幼儿晚期逐渐形成。外部言语又分为口头言语和书面言语两种形式,其中,口头言语是婴幼儿最先掌握的。

言语过程主要包括言语感知、言语理解和言语表达这三个基本方面。我们所说的婴幼儿言语的发展,主要就是指这三方面能力的发生发展过程。其中言语知觉是指通过对言语的感知以获得信息的过程,是言语能力的首要内容,也是言语活动的第一个基本环节。婴儿最早获得的就是这种言语知觉能力。言语理解就是指将感知到的语言符号(声、形)转换成其所代表的事物(义)的过程,也即揭示出言语信息的意义。这需要个体根据自己的知识和经验来进行积极、主动地建造(也即"转换")活动。言语表达是指个体以语言为载体,通过言语器官或其他部位的活动向别人传递信息的过程,又称"言语产生",主要包括说和写这两种形式。它受一定目标的指引,又受认知系统直接支配和调节,是一种有目的的认知活动,和记忆密切相关。下面将从婴幼儿言语发展的三个阶段来分析婴幼儿的言语发展特点和规律。当然,婴幼儿言语的发展是一个连续的过程,以阶段划分是为了更好地理解和指导发展过程。

视频

**0～3岁婴幼儿的
语言发展教育**

一、0～1岁婴儿的言语发展

婴幼儿的言语理解与表达要建立在一定的生理基础上,这主要体现在以下三个方面:一是婴幼儿在胎儿末期已经建立了语音听觉系统,二是婴幼儿出生后发音器官逐步成熟,三是婴幼儿的言语神经中枢得到发展,且脑功能具有极大的可塑性。那么,婴幼儿的言语到底是怎样获得的? 其内在机制是什么?

国外的心理学研究中影响比较广泛的理论假说有四种,即阿尔波特的"模仿说"、巴甫洛夫和斯金纳的"强化说"、乔姆斯基的"转换生成说"和皮亚杰的"认知学说"。在这些理论之间存在着非常激烈的争论,其中主要热点问题有:语言是先天的还是后天习得的? 是被动地学习(强化或模仿)的还是主动地创造的? 认知(尤其是思维)发展与言语发展的关系是什么? 等等。庞丽娟等人认为,同时从人类种系和个体发展的角度来看,在语言发生以前已有思维的存在,这是一种直觉行动思维;在语言发展起来后,仍有脱离于言语、不以语言为"物质外壳"的思维活动存在,如聋哑人的思维、科学家的某些创造性思维活动等。[①] 思维(认知)发展制约着言语发展的水平,语言的产生和发展又促进了思维水平的提高。所以,应动态地、发展地来看待幼儿言语发生的过程,而不能静止地、一般地来概括什么是决定性因素。婴幼儿言语发生的过程,实质上应该看作是一个多种因素相互影响、相互作用的复杂的动态系统。在系统发生的初期,即时性模仿和强化依随相对起着更为重要的作用;在系统发生的中、晚期,选择性模仿和婴儿自发的言语实践活动则起主导作用。接下来将从言语感知、言语理解和言语表达这三个基

---

① 庞丽娟,李辉. 婴儿心理学[M]. 杭州:浙江教育出版社,1993.

本方面探讨婴幼儿言语的发生。

婴幼儿言语发展的四种理论

1. 模仿说

此理论为心理学界关于言语获得机制的早期理论假设,由美国心理学家阿尔波特率先提出。该理论认为,婴儿语言是对成人语言的模仿,是成人语言的简化复制。此理论对20世纪60年代以前的心理学研究产生了深远的影响。后续的社会学习理论也继承了这一观点。例如,社会学习理论的主要代表人物班杜拉(1977年)提出,婴儿主要通过观察学习(即模仿学习)各种社会言语模式来获得言语能力,其中大部分学习过程是在无强化条件下进行的。社会言语模式对婴儿言语发展具有显著影响,缺乏此模式,婴儿将无法掌握词汇和语法结构系统。然而,此理论亦存在局限性,无法解释婴幼儿所有言语行为。

2. 强化说

巴甫洛夫学派将婴儿言语活动的发生分为四个阶段:

第一阶段,直接刺激物引发直接反应(0至8个月);

第二阶段,词的刺激物引发直接反应(7至11个月);

第三阶段,直接刺激物引发词的反应(12个月以后);

第四阶段,词的刺激物引发词的反应:言语听觉分析器开始与言语运动分析器建立复杂联系(1.5岁左右)。

斯金纳(1957年)在《言语行为》一书中运用操作性条件反射学说阐述婴儿言语获得机制。他认为,即时的刺激强化过程对言语行为的形成和发展具有决定性影响。言语活动被视为有机体自发的操作行为,通过各种强化获得。他特别强调"强化依随"在婴儿言语行为形成过程中的决定性作用。

美国著名语言学家乔姆斯基(1959年)对斯金纳的"强化生成说"进行了尖锐的批评。他认为,婴儿不可能通过强化形成言语的操作性条件反射系统。"强化说"仅能解释最初语音和单个单词等基础言语的发生发展过程。

3. 转换生成说

又称为"先天语言能力学说",是乔姆斯基(1957年)在其著作《句法结构》中提出的一种语言理论。1959年,他对斯金纳《言语行为》中的"强化生成说"进行了深刻批判,这一批判震撼了美国语言学和心理学界,被称为"语言学的革命",对全球心理、语言、哲学、认知科学等领域产生了广泛影响。

基于对斯金纳的分析与批判,乔姆斯基指出:(1)语言是创造性的,获得语言并非学习特定的句子,而是利用组句规则去理解和创造句子,句数是无限的;(2)语法是生成性的,婴幼儿天生具有普遍语法;(3)每个句子都具有两个结构层次——深层结构和表层结构。深层结构显示基本句法关系,决定句子的意义;表层结构则表示用于交际的句子形式,决定句子的语音等。深层结构通过转换规则变为表层结构,从而被感知和传达。

乔姆斯基的理论在一定程度上使我们摆脱了行为主义言语获得理论的束缚,认识到婴儿言语获得过程中神经系统的重要作用,同时也向我们提出了研究言语过程心理机制的问题,具有重要的理论意义和借鉴价值。当然,他的"语言获得装置"(LAD)仅是一种假设,证实这一假设存在一定的难度。

4. 认知学说

自二十世纪六七十年代以来,以皮亚杰为代表的日内瓦学派提出的关于认知与言语发展关系的新观点,对婴儿语言获得及相关理论研究产生了巨大影响,并逐渐成为该领域具有广泛影响的主导理论。

皮亚杰认为,语言是儿童的一种符号表征功能。感知运动思维和符号表象(主要指语言)都源于环境与主体相互作用的过程。在这个相互作用的过程中,由于动作的发展与协调,逻辑得以产生,从而导致语言的产生。也就是说,"语言并非构成逻辑的根源,相反,语言是由逻辑构成的"。

此外,皮亚杰肯定了语言在动作内化于表象和思维中的重要作用,同时他又认为这只是众多表征作用(如延迟模仿、象征性游戏、初期绘画、言语等)中的一种。语言作为一种符号功能,它的出现能够增强思维的速度和广度,因为它不同于感知运动行为,但它并非逻辑运算发展的动力,而是儿童智力发展服务的众多符号工具中最重要的一个。

皮亚杰的这一理论既不同于强化说,也不同于转换生成说过分强调环境因素的作用,它特别强调了主客体相互作用在婴儿言语获得中的重要作用,阐明了思维和语言之间的相互影响、相互制约的关系,使我们对言语发生的内在机制有了更深入的理解,对于理解婴儿如何获得言语具有重要意义。当然,它也未能完全解释言语发生的复杂过程及其错综复杂的关系。

(一)言语感知

言语感知主要是指对口头言语的语音感知,这是语音发展的基础。婴儿言语感知能力的发展由低到高可以划分为以下三个阶段。

1. 听觉阶段(0～1个月)

听觉阶段是言语感知最初发生的时期,婴儿只能对一个个语音进行初步的听觉分析,把输入的言语信号分析为各种声学特征,并储存于听觉记忆中。此时,婴儿在所听到的声音中,表现出对语音和母亲语音的明显偏爱,并能在出生一周内经学习而记住自己的"名字",且大多只对母亲的唤名行为作出反应。

2. 语音阶段(2～9个月)

2～9个月的婴儿能把前一阶段所掌握的一些声学特征结合起来,从而辨认出语音并确定各个音的次序。2个月左右婴儿开始理解言语活动中的某些交往信息,如他们听到愤怒的讲话声时往往会躲开,对友善的语声则往往报之以微笑,面对陌生和不同的声音,婴儿会增加或者减少吮吸行为。3～4个月时,婴儿就能和成人进行互相模仿式的发音游戏,能够鉴别区分并模仿成人所发出的语音。

3. 音位阶段(10～12个月)

10～12个月的婴儿能把听到的各个音转换为音素,并认识到这些音是某一种语言的有意义的语音。这使得他们能够经常、系统地模仿和学习新的语音,为语言的发生作好了准备。

(二)言语理解

由于婴儿对成人言语的理解是在语义获得的初始阶段出现的,这时婴儿还没有达到用词去传达句子含义的阶段,因此,婴儿对言语的理解发生在言语表达之前。

多项研究表明,在语义习得的初始阶段(约 9 个月),婴儿开始通过特定情境理解指令性语言,但尚未具备运用词汇传递语义的表达能力。此时婴儿仅能通过动作反馈展现其理解能力,例如,当母亲抱着婴儿问"灯在哪儿"时,若此前母亲已多次指着灯并说"这是灯,看,这是灯",婴儿会抬头望向天花板以作回应,这种参照反应体现了婴儿在与成人言语交流中的理解能力。又如,母亲对婴儿说"跟爸爸再见",婴儿会摇摇手;说"谢谢阿姨",婴儿会点点头,这些行为是在成人多次教导和示范后形成的,是对社会礼仪的约定俗成反应。

起初,成人需不断重复这类吩咐,并夸大或突出语调特征,有时甚至需亲自示范摇手或拍手,才能引发婴儿相应的动作随着认知能力发展,至 11 个月时,婴儿对语言指令的反应呈现质的飞跃:理解稳定性显著增强,能即时回应日常指令而无需重复提示。

到 12 个月左右,婴幼儿对语言理解与表达能力开始产生协同作用,具体表现为能结合情境进行简单言语反馈,如听到"明明来洗澡"会边行动边复述关键词,面对外出指令则主动准备物品并模仿短语。这种语义关联机制的确立,标志着婴儿开始突破具体情境限制,逐步向抽象语言理解过渡。

真正的语言理解与表达同步发展出现于 18 个月后,此时幼儿已能脱离具体实物和固定场景,在抽象层面实现语言符号与语义的灵活对应。

(三) 言语表达

1. 简单发音阶段(0~3 个月)

婴儿 1 个月内主要的发音是哭叫,哭叫声的音长、音高和音量不同,代表着婴儿不同的需求,哭叫的间歇,偶尔吐露 ei、ou 等元音;第 2 个月会在哭声中伴有 m 的辅音;第 3 个月中出现更多的元音和少量辅音,如元音 a、ai、e、ou 以及辅音 m、h 等。辅音在以后逐渐增多。

事实上,婴幼儿天生就能发出所有语言中的所有声音,所以在婴幼儿时期学习外语要容易得多。婴幼儿的言语习得,是通过听语言中特定声音,然后根据目标模式来塑造自己的语言。

2. 连续音节阶段(4~8 个月)

这时期发音明显增多并发出连续音节。如辅音增加了,诸如 b、p、d、n、g、k 等音和 a-ba-ba、da-da-da、na-na-na 等重复的连续音节。这时出现的 ma-ma、pa-pa 常被成人误以为是在呼叫妈妈爸爸,实际上这只是 0~1 岁前言语阶段发音现象。这一阶段,他们会大笑来表达快乐、兴奋,会用低吼、颤音、尖叫来表达不满,对他们来说,语言既是一种交流方式,也是一种游戏。

3. 学话萌芽阶段(9~12 个月)

这时期发生了更多的声音和不同音节的连续发音,音调经常变换,婴儿能经常系统地模仿成人和学习新的语音。有些音节开始与具体事物联系起来,这意味着婴儿获得了语言的意义联系,词语开始发生。在该阶段,婴儿也会用手势来辅助交流,交流中的呢喃之语具有一定的节奏和规律,听起来特别像说话,但是并不能让成人听懂。

二、1~2 岁幼儿的言语发展

在出生后的 1 年时间里,婴儿已经做好了充足的言语准备,不仅能模仿发音,还能听懂成人简单的言语,并初步发展了言语交际的倾向,可称之为前言语阶段。1 岁以后,幼儿开始进入学习口语的重要时期,可称之为言语形成阶段。

(一) 言语理解

1~1.5 岁的幼儿,其言语发展的特点是理解的词比会说的词多,且在时间顺序上理解也先于说。1岁半以后,幼儿对言语的理解和表达才真正达到同步发展。

这一时期,幼儿的大脑能建立更多的词与实物的联系,能够理解更多的词和简单的句子。比如幼儿当被问到奶瓶在哪里时,幼儿会将视线转向奶瓶的方向,并能伸手指向奶瓶。除此之外,幼儿还能执行简单的任务,如爸爸说:"帮我拿纸巾过来。"幼儿能够很好地完成任务。理解词还有一些特点,具体有以下3方面。

1. 由近至远

幼儿理解的词有由近至远的特点,主要是指其理解的词是以与其接触的紧密程度来决定先后顺序的。这个先后顺序为:经常接触到的实物→对成人的称谓→玩具和衣物的名称。经常接触到的实物词有"灯""门"等;对成人的称谓词有"爸爸""妈妈""爷爷""奶奶"等;玩具和衣物的名称词有"车""球""鞋""帽"等。此外,幼儿能理解一些常用的动词,如"捡""抱""坐下""拿"等。

2. 固定化

固定化是指这阶段的幼儿对词的理解,往往和某种固定的物体相联系,甚至把物体连同某种背景固定起来。例如,"车"就是指自己的玩具车,不指代车一类的交通工具。当听到"把娃娃拿来"时,总是要把娃娃和玩具床一起拿来。就算娃娃不在床上,也要先把它放到床上之后拿。1岁半以前,幼儿认为物体的名称是同该物体以及物体所处的具体情境相联系的。1岁半以后,幼儿的概括化能力发展,固定化的理解逐渐弱化,但是在接触新的概念时,幼儿仍会有固定化理解的倾向。

3. 词义笼统

这阶段的幼儿虽然在理解词方面有了很大的进步,但这种理解还是很笼统的,对于他们来说,常常一个词代表多种事物,而不是确切地代表某种事物。在一个实验里,研究人员要求幼儿从玩具中找出小熊。而那些玩具里没有小熊,只有和小熊相似的东西。实验发现,2~3岁的幼儿都表示玩具中没有小熊,而1岁的幼儿却毫不犹豫地把长毛绒手套拿来当小熊,原因在于长毛绒手套和小熊都有毛绒的特征,因此可以证明这一阶段的幼儿对词义的理解是笼统的、不精确的。

(二) 言语表达

1. 单词句阶段(1~1.5岁)

1~1.5岁的幼儿往往用一个单词表示一个句子,因此将其称为单词句阶段。据统计,幼儿到1岁半时,能够说出50~100个词,这些词语包括物体名称,物体运动状态(跑、掉),物体数量,事物性质(脏、烫),空间关系(床上、地下)和否定状态(不、不要)等。他们用单个词表示愿望、要求、命令或陈述,带有明显的语言的性质,起着交际的作用。此时,幼儿能够说出的词有以下3个特点。

(1) 单音重叠

由于幼儿的大脑发育尚未成熟,发音器官缺少练习,并且发重复的音节及重复的声调比较容易,不需要舌的复杂运动,因此,这一阶段的幼儿喜欢说重叠的字音,如"娃娃""饭饭""帽帽""衣衣""车车"等,还喜欢用象声词代表物体的名称,如把火车叫作"呜呜",把小鸡叫作"叽叽"。

(2) 概括化

随着词汇量的增长、生活经验的丰富和认知能力的发展,幼儿到18个月时,使用的词语不但可标示具体事物,而且在使用中显示了词语本身所特有的概括性,这也是他们掌握概念的必经之路。例如,幼儿出示喝完水的杯子说"没",指的是杯子空了的这一现象。"没""空"的词是对一定现象的概括。

但是,大量研究表明,这一阶段幼儿在初步掌握和运用词语的过程中,存在着明显的外延扩大、外延缩小和匹配错误等独特现象。如幼儿说的"鸭子"这一词只用来指代各种玩具鸭子,而不会用来指代真正的活生生的鸭子。这就是"外延缩小"现象;而有的幼儿用"鸭子"一词不仅指代图片上的、真实的或玩具鸭子,而且还指代天鹅、鹅和鹌鹑等,这又是"外延扩大"了;还有的幼儿则用"抓住"一词指代扔东西的动作,这是词语"匹配错误"的现象。

(3)情境性

这一阶段的幼儿不仅用一个词代表多种物体(一词多义),而且会用一个词代表一个句子的意思(以词代句)。刚开始时,幼儿说出的单词句含义很不明确,不是单独和某种事物相联系,而是和某一特定情境相联系。具体是什么含义,则必须根据其说话时的动作、表情和当时情境等因素综合判断。例如,幼儿说出"抱抱"这个词,有时代表他要成人抱,有时代表他想要抱玩具熊,这需要成人根据当下的情境来作出判断。

其后,随着词汇量、经验和认知水平的发展,幼儿逐步能够采用单词句回答并提出问题,并能对人和物做出判断。庞丽娟的研究显示,在单词句阶段末期(18~20个月),幼儿已能同成人进行稍长时间的谈话交流,已初步获得了"主语+谓语"和"谓语+主语"的句法结构,且正在向双词句阶段过渡,到19~20个月末时,终于说出了第一批双词句而进入双词句阶段。[①] 当然,进入双词句阶段以后,单词句并没有消失,而是继续存在并发展下去,直到24个月以后它才让位于双词句。

2. 双词句阶段(1.5~2岁)

这一阶段,幼儿出现了"词语爆炸现象",表现为说话的积极性很高,语词大量增加。幼儿在1岁时说出第一批单个词,到1岁半,幼儿能说出由两个词组成的句子,2岁的幼儿已能说出包括主语、谓语、宾语的完整句子。虽然70%的词仍然是名词,但其他各类如动词、形容词、数词、代词、副词、感叹词等都开始出现在幼儿的话语当中。无意义的发音现象已经消失,此阶段的发音已与词和句子整合在一起。说出句子是幼儿言语发展中的一大进步,也是这一阶段幼儿发展的主要特点。但是这时说出的句子还很不完善,具体表现在以下3个方面。

(1)句子结构简单

这一阶段幼儿说出的句子都很简单、短小,只有3~5个字,主要有以下三种:简单的主+谓句,如"妈妈抱""宝宝饿""狗狗叫"等;简单的谓+宾句,如"吃饭""踢球""帮爸爸"等;简单的主+谓+宾句,如"宝宝抱狗狗""妈妈穿衣""爸爸上班""妞妞打球球"等。

(2)句子不完整,缺少语法成分

双词句表达的意思比单词句更明确,已具备句子的主要成分,如谓语、主语或宾语等,但它仍然简略、断续,结构不完整,常缺漏句子的一些基本成分。例如"妈妈痛痛"(妈妈,我的肚子痛);"爸爸球球"(爸爸,快拍球);"爸爸班班"(爸爸去上班了)等。它们看起来更像人们打电报时所用的语言,颇为省略,故常被称为"电报句"。

(3)词序颠倒

1岁半至2岁幼儿所说的句子,时常有词序颠倒的情况。例如,"不对起"(对不起),"不拿动"(拿不动)。当幼儿被问到他有一只耳朵还是有两只耳朵时,他答道:"一只有耳朵(有一只耳朵),两只耳朵没有(没有两只耳朵)。"

---

① 庞丽娟,李辉.婴儿心理学[M].杭州:浙江教育出版社,1993.

三、2~3岁幼儿的言语发展

2~3岁是幼儿言语初步发展阶段,即基本掌握口语阶段。这一阶段他们在掌握语音、词汇、语法和口语表达能力方面都较前一阶段有明显进步,虽然能够说出的句子仍然以简单句为主,但复合句已开始发展起来。这一时期的复合句是两个简单句的组合,还不会使用连词。此时的句子明显加长,大部分句子已有6~10个字。他们开始逐步用复合句来表达自己的需要和情感,用言语来调节自己的动作和行为,基本上能用言语与人开展日常交流,言语成为这一阶段幼儿社会交往和思维的一种工具。

1. 词汇量突飞猛进,词类进一步丰富

2~3岁的幼儿学习新词的积极性非常高,词汇量增长十分迅速,几乎每天都能掌握新词。此时幼儿的好奇心也非常强,经常指着某种物体问:"这是什么?""那是什么?"当成人把物体的名称告诉他们时,他们便学了一个新词。到3岁时,幼儿已能掌握1000个左右词汇。

幼儿在这一阶段学会使用一些介词、冠词和助动词,感叹词和语气强调也出现了。他们会说"这是明明的,那是妈妈的""猫猫趴在床上睡觉""哎!小汽车坏了!"或"你能给我修好吗?"等。

2. 句子从混沌一体到逐步分化

2~3岁的幼儿语言系统正在经历一个大变化,从动作和符号混在一起的状态,变成语言和情感能分开表达的状态。

在语言结构方面,2岁之前,婴幼儿说话的时候,动作和愿望是混在一起的,比如一边拉扯大人一边说走。但现在,他们开始能用完整的句子来表达请求了,比如"我们出去玩吧?"。说完话会停下来等大人回答,他们还学会了对话的轮流。

在情感表达方面,幼儿现在不只是说基本的需求了,他们还能用句子来表达自己的情感。比如,他们会用感叹句来描述事情和表达感受,像"那辆汽车跑得多快啊!"。他们还会用一些副词和语气来强调自己的感觉,比如"我真的太累了!"。

3. 句子结构从松散到逐步严谨

两岁多的幼儿开始说出有完整句法结构的句子,但由于语言系统还在发展中,他们仍时常漏掉主语或宾语,词序也是混乱的,如"你吃筷子,我吃调羹"(你用筷子吃,我用调羹吃)。一般过了3岁后,幼儿才会说"小兔子把萝卜放在筐子里"这样语法严谨、完整的句子。

4. 句子结构由压缩、呆板到扩展、灵活

在婴幼儿的语言发展过程中,句子结构的变化是一个显著且重要的标志。最初,婴幼儿的语言表达往往非常简洁、压缩,甚至可能只是通过一些简单的声音或词汇来传达意思,比如"呜呜呜"来模仿火车开动的声音。

随着认知能力的提升和语言经验的积累,婴幼儿的句子结构开始逐渐扩展和变得灵活。他们不再满足于简单的表达,而是开始尝试用语言去组织和表达他们的智慧与思维。这一过程的典型表现就是句子长度的增加、语法结构的复杂化以及表达内容的丰富化。

例如,婴幼儿可能最初只会说"火车"或"呜呜呜"来表示火车开动,但随着时间的推移,他们开始能够说出"爸爸坐火车"这样的句子,进一步发展到"爸爸坐火车到北京"这样包含更多信息和语法结构的完整句子。这种句子结构的变化,不仅反映了婴幼儿语言能力的提升,也体现了他们思维能力和认知发展的进步。

四、促进0～3岁婴幼儿言语发展的策略

(一) 为婴幼儿创设一个良好的言语环境

言语的学习,与言语环境有着密切的关系,一个安全丰富、宽松有趣的言语环境,可以发展婴幼儿的语言感知、理解与表达能力,并使婴幼儿养成良好的语言习惯。[①] 全语言教育理念的代表人物古德曼也说过:"全语言教育是一种视儿童语言发展和语言学习为整体的思维方式。"并认为婴幼儿应该是学习的主角,成人的职责是为婴幼儿创设一个良好的言语学习环境。[②] 作为家长或教师,可以引导婴幼儿在安全的环境中,通过看、听、触、摸、尝、闻等感官直接感知周围的人与物,以丰富婴幼儿的言语环境。同时,也要为婴幼儿创设一个宽松有趣的心理环境。家长和教师可以给婴幼儿重复念有韵律的童谣、播放柔和的音乐、看对比明显的卡片,在与婴幼儿互动交流时,要面带微笑,讲话声音要温柔且富有情感和语调变化,并尽量让婴幼儿看清自己讲话时的表情和口型变化。

(二) 主动与婴幼儿交谈,并及时回应婴幼儿

婴幼儿的言语理解与表达能力是在交流的过程中发展起来的,"语言的输入量"是导致个体言语发展差异的重要因素。因此,家长和教师要在婴幼儿情绪较为饱满的时候多与婴幼儿进行交流。0～1岁的婴儿处在言语感知的重要时期,家长和教师在帮婴儿喂奶、换尿布、洗澡时,应采用微笑、注视、怀抱、拍手等方式,并用语言描述正在进行的事情,带有情感地逗引婴儿。如果婴儿在互动中有呼应,应积极回应。当婴幼儿试着发出新语音时,要及时给予鼓励,如果发音不准确,家长和教师可以示范正确发音,但不用刻意纠正。

随着年龄的增长,婴幼儿的言语理解和言语表达能力逐渐发展,家长或教师要鼓励他们多开口说话。在交流时,应尽量用简短、重复、有韵律的语言和婴幼儿交流,便于其理解和模仿。同时要放慢语速,且有停顿,给予婴幼儿接词、说话的机会。

(三) 借助阅读发展婴幼儿的言语表达和思维能力

阅读能力并不是人先天具备的,依赖于阅读教育,其发展需要一个漫长的过程。对0～3岁婴幼儿进行阅读教育的主要目的是培养他们的阅读兴趣和习惯。在婴儿末期(9～12个月),家长和教师就可以为婴儿提供形象生动的图片、塑料书、布书、立体书、简单的图画书等,并怀抱婴儿,用温柔的语气、语调和他一边指认一边说。在说的同时,尽量鼓励婴儿用语音或动作回应,也允许他自己翻弄卡片、图画书,激发他的阅读兴趣(图2-2-1)。1岁以后,家长或教师要安排每天的固定时间给幼儿念童谣、讲故事、看图画书。图画书可以选择一些互动的立体书,图画要清晰并与幼儿的生活相关。共同阅读时,家长或教师可以就画面内容问一些简单的问题引导幼儿进行思考并简单表达(图2-2-2)。对于2岁以后的幼儿,也可以在多次重复阅读后,鼓励他们讲给自己听;或者借助玩偶或小道具,与幼儿一起进行简单的情节扮演。这里还要注意,在与婴幼儿相处时,不要使用电子产品,也要避免婴幼儿接触电子屏幕,以免影响婴幼儿的视觉、言语等发展,尤其是2岁之前的婴幼儿。

(四) 通过适龄的言语游戏激发婴幼儿言语表达的欲望

家长和教师在照料婴幼儿的过程中,可以经常和婴幼儿玩一些言语游戏,当然,这些言语

[①] 张明红.0—3岁婴幼儿语言发展与教育[M].上海:华东师范大学出版社,2020.
[②] 上海市教师教育学院.上海市0—3岁婴幼儿发展要点与支持策略(试行稿)[M].上海:上海教育出版社,2024.

图 2-2-1　同伴阅读

图 2-2-2　师幼共读

游戏应该适合该年龄段的婴幼儿。比如 9～12 个月的婴儿,可以和他经常玩"指物品说名称"的游戏,可以帮助婴儿建立物品与词汇之间的联系,为婴幼儿说第一批词汇做好准备。这里的"指物品"也可以灵活地换成"指照片""指图片"等,以拓展练习的范围。对于 2 岁以后的幼儿,就可以经常玩一些"手指游戏",既可以引导幼儿感受语言的节奏感和趣味,发展幼儿的言语表达能力,也有益于幼儿的左右脑协调,发展幼儿的注意力、记忆力、感觉统合能力。

育儿宝典

小动物的尾巴

游戏目的

1. 认识小动物尾巴外形特征。

2. 能够说出是哪种小动物的尾巴。

3. 乐意积极参与活动,体验猜的乐趣。

家长指导目标

1. 学习引导宝宝认识动物尾巴的方法,掌握亲子互动的技巧。

2. 鼓励宝宝大声说,并及时给予宝宝鼓励。

游戏准备

1. 物质准备:海豚、小猴、小牛、小猪、孔雀、老虎、松鼠、鳄鱼的图片及其身体部位贴纸,《躲猫猫》音乐。

2. 经验准备:认识常见的动物。

游戏玩法

1. 以"躲猫猫"的形式进行导入,激发宝宝的兴趣

师:各位家长和宝宝们,大家早上好! 我是 xx 老师,现在让我们跟着儿歌一起躲猫猫!

2. 猜动物配对游戏,初步认识动物身体部位

师:宝宝们,刚才我们听了《躲猫猫》的儿歌,现在我们一起来看看小动物的尾巴藏哪里了!

师:猜猜看谁先来了? 我们来看看它的尾巴是什么样的? 我们一起来找一找吧! 说说"这是 xx 的尾巴"。

3. 请宝宝上台配对,说说这是哪种小动物的尾巴

师:这里还有一些小动物,它们想请你们帮忙找找是哪个小动物的尾巴。你们认为宝宝找得对吗?

小结:小动物们很开心,谢谢你们帮助它们找到自己的尾巴。

4. 自然结束,进行家长指导

家长指导语:本活动主要是引导宝宝认识动物的尾巴,可以进行配对并说出来。发展幼儿的认知能力和语言能力。要是个别宝宝不愿意上台分享,我们活动结束后再来跟老师分享吧!

家长指导要点

1. 在日常生活中家长可以鼓励宝宝多观察周围的事物。

2. 引导幼儿描述常见日常生活中物品的特点,比如物品的形状、颜色,观察到有什么与众不同的地方。

温馨提示

该游戏是早托教师指导下的亲子语言游戏,适合24~30个月的幼儿。

任务思考

1. 简述0~3岁婴幼儿言语发展的趋势。

2. 简述促进0~3岁婴幼儿言语发展的策略。

3. 尝试为2~3岁幼儿设计一个提升言语能力的师幼互动游戏。

实训实践

实训实践任务

1. **任务名称**　观察记录并分析婴幼儿的动作发展特点。

2. **任务内容**　实习期间,选取一位婴幼儿进行个别观察,观察并详细记录其在某个时间段或某个游戏活动中的动作等,并尝试运用所学婴幼儿动作发展的相关知识分析婴幼儿在活动中表现出来的动作发展特点。

3. **任务要求**

(1) 真实客观记录婴幼儿的动作,内容简要、信息丰富;

(2) 针对婴幼儿在活动中的动作表现进行分析,要求分析恰当,有一定理论依据。

4. **任务目标**　依据所学准确分析婴幼儿在活动中表现出来的动作发展特点。

5. **任务准备**　笔、记录本、手机。

6. **任务实施过程**

(1) 复习项目内容,选择记录对象;

(2) 根据前期经验,计划观察要点;

(3) 避免干扰婴幼儿,简要记录内容;

(4) 整理资料,形成文本,见表2-2-1。

表 2-2-1 观察记录并分析婴幼儿的动作特点

观察时间	年　月　日　星期　午 ___时___分—___时___分
婴幼儿年龄	性别
观察主题	
观察记录内容	
分析	

 赛证链接

在线练习

1. 下列不属于新生儿本能的是(　　)。(2024年上半年《保教知识与能力》单选题)

A. 觅食行为　　B. 抓握反射　　C. 踏步反射　　D. 膝跳反射

2. 婴儿动作发展的正确顺序是(　　)。(2022年上半年《保教知识与能力》单选题)

A. 翻身→坐→抬头→站→走　　B. 抬头→翻身→坐→站→走

C. 翻身→抬头→坐→站→走　　D. 抬头→坐→翻身→站→走

3. 幼儿阅读活动的主要目的是(　　)。(2024年上半年《保教知识与能力》单选题)

A. 培养阅读兴趣与习惯　　B. 获得读写能力

C. 提高文字理解能力　　D. 扩大识字量

4. 婴儿说"妈妈抱""要牛奶""外面玩"等句式,一般被称为(　　)。(2024年上半年《保教知识与能力》单选题)

A. 单词句　　B. 双词句　　C. 简单句　　D. 复合句

5. 根据图 2-2-3 说明婴幼儿动作发展规律。(2021年下半年《保教知识与能力》简答题)

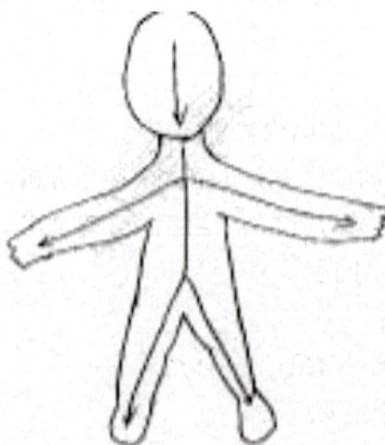

图 2-2-3　婴幼儿动作发展规律图

项目三 婴幼儿认知能力发展

💡 项目 导读

　　认知能力是婴幼儿心理发展的核心,涵盖了感知觉、注意、记忆、想象和思维等多个方面,对其未来的学习和适应能力具有深远影响。本项目通过五个任务系统探讨0～3岁婴幼儿认知能力的发展过程。

　　通过学习本项目,学习者将能够理解婴幼儿在不同年龄段的认知特点,掌握如何通过科学的活动设计和环境创设促进其认知能力的发展。

📖 学习 目标

1. **知识目标**:了解婴幼儿认知能力的发展特点和规律,掌握启蒙婴幼儿认知能力的方法。
2. **能力目标**:能分析、评价不同年龄阶段婴幼儿的认知发展水平,并提出促进其认知发展的策略。
3. **素养目标**:尊重婴幼儿认知发展特点和规律,关注个体差异,促进婴幼儿全面发展。

⚙️ 知识 导图

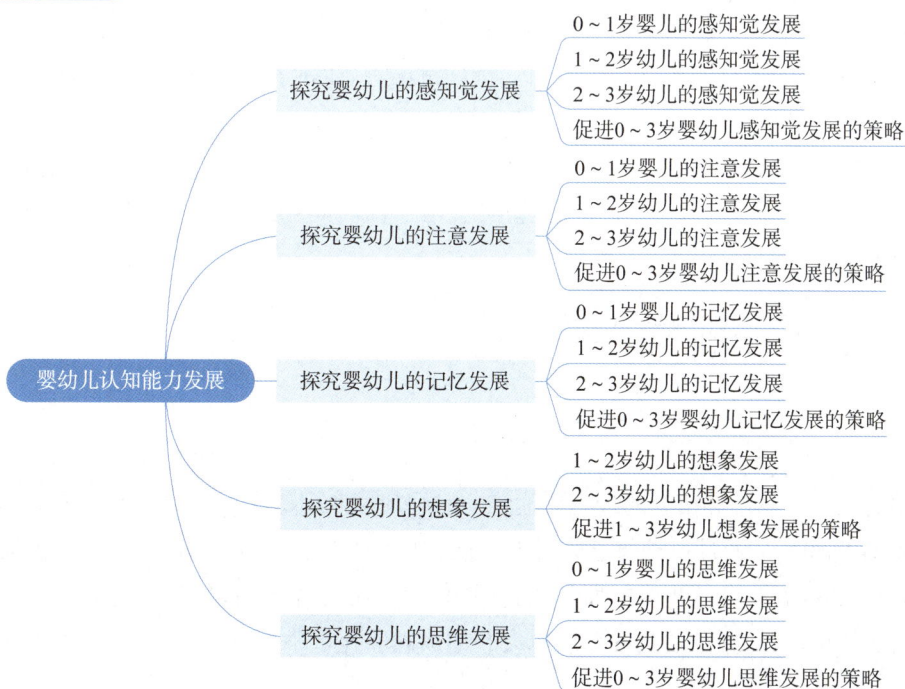

```
                                              ┌── 0～1岁婴儿的感知觉发展
                           探究婴幼儿的感知觉发展 ├── 1～2岁幼儿的感知觉发展
                                              ├── 2～3岁幼儿的感知觉发展
                                              └── 促进0～3岁婴幼儿感知觉发展的策略

                                              ┌── 0～1岁婴儿的注意发展
                           探究婴幼儿的注意发展  ├── 1～2岁幼儿的注意发展
                                              ├── 2～3岁幼儿的注意发展
                                              └── 促进0～3岁婴幼儿注意发展的策略

                                              ┌── 0～1岁婴儿的记忆发展
    婴幼儿认知能力发展         探究婴幼儿的记忆发展  ├── 1～2岁幼儿的记忆发展
                                              ├── 2～3岁幼儿的记忆发展
                                              └── 促进0～3岁婴幼儿记忆发展的策略

                                              ┌── 1～2岁幼儿的想象发展
                           探究婴幼儿的想象发展  ├── 2～3岁幼儿的想象发展
                                              └── 促进1～3岁幼儿想象发展的策略

                                              ┌── 0～1岁婴儿的思维发展
                           探究婴幼儿的思维发展  ├── 1～2岁幼儿的思维发展
                                              ├── 2～3岁幼儿的思维发展
                                              └── 促进0～3岁婴幼儿思维发展的策略
```

任务一　探究婴幼儿的感知觉发展

案例导入

　　小孙子刚刚出生,爷爷奶奶就迫不及待地四处打听好的教育方法。邻居王阿姨说:"你们要在婴儿床上挂一些色彩鲜艳、会发出声音的小玩具,这样宝宝无聊的时候可以自己看一看、听一听。"楼下的李老师则建议:"有空的时候,可以拿些毛绒玩具或软毛的牙刷触碰一下宝宝的手臂、脸颊或者身体的其他部位。"宝宝的外婆则坚持:"最好每天给宝宝听听音乐。"……面对这么多不同的建议,家里人都犯难了,小宝宝真的看得见、听得到么?学完本任务,请你思考一下以上人员的建议与担忧是否合理。

　　感知觉是婴幼儿心理发展中发生最早、成熟最快的心理过程,是其他高级心理活动产生和发展的基础,而且婴幼儿对事物的认识、对周围环境的融入就是从感知觉开始的。

　　感觉是人脑对直接作用于感觉器官的客观事物的个别属性的反映。比如夏天来了,我们都喜欢吃西瓜,通过眼睛,我们可以看到它是椭圆形的、绿的皮、红色的果肉;通过鼻子,我们可以闻到淡淡的清香;通过手,我们可以感受到它光滑的表皮;通过嘴,我们可以品尝到甜甜的味道。这些关于西瓜的认识就是西瓜的客观属性作用于我们的感觉器官所带来的主观感受。所以,感觉并不是凭空产生的,更不是大脑固有的,而是客观事物的个别属性作用于感觉器官的结果。感觉除了反映客观事物的个别属性外,也能反映机体各部分的运行状态,如我们可以感觉到肚子饿了、腹部疼痛,身体的运动状态等。感觉分为外部感觉和内部感觉,外部感觉包括视觉、听觉、触觉、嗅觉、味觉;内部感觉包括机体觉、平衡觉、运动觉等。

　　知觉是人脑对直接作用于感觉器官的事物整体的反映,是个体对感觉信息组织和解释的过程。它建立在感觉的基础之上,但并不是各种感觉信息的简单相加,而是对感觉获取的信息进行加工,结合大脑中的已有经验,反映刺激所代表的意义。因此,同一事物,在不同的情况下、不同的人对它的知觉印象会有所不同。在日常学习、生活和工作中,我们通常是以知觉的形式来反映客观事物。

　　感觉和知觉是个体认识世界、认识自我的开端。感觉和知觉是产生感性认识的心理过程。它们是感性认识过程中的两个不同的心理层次。二者既有层次和深度上的区分,又密切联系、相互融合不可分割。

一、0～1岁婴儿的感知觉发展

(一) 感觉

1. 视觉

　　视觉是人类获取外界信息的最主要途径。有研究表明,人类大脑对周围客观事物信息的获取有70%～80%是通过视觉通道获得的。同样的,对于婴儿而言,眼睛是一个积极主动的重要器官,健康的新生儿从出生的那一刻起,眼睛就开始发挥作用,具备了看的能力。他们开始通过视觉认识世界,因此视觉的发展对婴儿的成长非比寻常。

视频

视觉的特点与培养

（1）光的觉察

新生儿刚出生后便能觉察到眼前的光亮,光线适宜时,他们会睁大眼睛四处张望,光线强烈时,他们会眯着或闭上眼睛,这是本能的眨眼反射。新生儿还能区分不同明度的光,但是敏感度远低于成人,适应能力也相对不成熟。所以,成人在给婴儿拍照时不能使用闪光灯。从光线较暗的场所到光线较亮的地方,要注意保护婴儿的眼睛。

（2）视觉敏度

视觉敏度又称视力,是指眼睛精确地辨别细致物体或远距离物体的能力,也就是发觉对象在体积和形状上最小差异的能力。视觉敏度主要依靠眼睛的晶状体变化进行调节,而新生儿的晶状体不能变形,无法对视觉对象进行有效聚焦,因此视力远远不及成人。尽管不同的研究者对婴儿视觉敏度的研究结果表现出一定的差异,但一般而言,新生儿的最佳视距是 20 厘米,即在婴儿床上悬挂玩具,应控制在 20 厘米左右的高度。

出生至 6 个月,是婴儿视觉敏度发展的关键期。这段时间,如果出现眼睛发育异常或受到创伤,就会引发包括失明在内等的视力缺陷问题。

7 个月以后,婴儿的视力进一步发展,眼球愈加灵活,他们不但能将视线集中在某个物体上,随着对象的移动,视线也能追随物体移动。这个时候,如果与其玩躲猫猫游戏(图 3-1-1),婴儿的视线会追随成人躲藏的方向,待成人出现,婴儿通常会表现得非常开心。然而,他们的视力水平还未达到成人水平,仍在持续发展中。

图 3-1-1 婴儿在玩躲猫猫

（3）颜色视觉

颜色视觉是指区别颜色细微差异的能力,也称辨色力。颜色视觉与颜色的明度、色调和饱和度密切相关。众多研究表明,新生儿就有了辨色能力的初步表现,3 个月以后,婴儿已经能辨别颜色。因此,成人从 4 个月起,就可以对婴儿进行辨色能力训练。同时,婴儿更加偏爱鲜艳的暖色调,如红色、黄色。

色盲和色弱都是颜色视觉缺陷的表现,一般由遗传导致,因而即使是目前一些高科技刺激疗法也难以达到痊愈效果。

2. 听觉

听觉是除视觉外,人体获得外界信息的最重要方式。众多的事实和科学研究均表明,早在母体子宫内的胎儿就具有听觉反应,如突然剧烈的响声会引起胎儿的运动反应,有学者还成功

视频

听觉的特点与培养

地让胎儿的踢腿与某种声响建立起反射。胎儿对声音能够作出反应,这也是胎教的依据之一,所以孕妇多听一些悦耳舒缓的音乐,生活在安静的场所,避免噪声干扰,对胎儿的健康成长是大有裨益的。

出生不久后,新生儿的听觉系统就开始起作用,能对不同的声音做出不同的反应,尤其是辨别声源的左右位置。魏瑟墨在1961年对出生一小会的新生儿做了一次确定声源左右的方位实验,即在新生儿的左边或右边发出一个声响,然后观察新生儿的反应,实验结果证明新生儿能正确地把耳朵偏向声音的来源方向。不过,新生儿的听觉定位普遍不精确,而且个体差异性较大,有些刚出生就表现出来,而有些要过几天才有反应。

随着年龄的增长,特别是在接受语言刺激、音乐熏陶等过程中,婴儿的听觉迅速发展起来,且这种发展并不是孤立的,伴随着视觉等其他感官共同发展,研究表明出生15天的婴儿已经出现视听协调现象。同时,婴儿也表现出一定的听觉偏好,他们喜欢听人的声音、柔和的声音以及高音调的声音,因而对母亲的声音特别敏感。6个月以后,婴儿能够听懂家人对其的呼唤。

3. 触觉

触觉是肤觉和运动觉的联合,是人体发展最早、分布最广、最复杂的感觉系统。新生儿从一开始就具有了敏感的触觉反应,如许多吸吮、抓握等无条件反射都需要触觉的参与。这种能力不但是其认识世界的主要方式,也影响婴儿人际关系的形成。

（1）口腔触觉

婴儿对物体的探索最早是通过口腔的活动进行的,吸吮反射即最初的口腔触觉活动。婴儿的口腔触觉探索也可以通过学习、训练而得到,且3个月以后的婴儿对熟悉的物体,吸吮的兴致逐渐降低,出现习惯化现象。但周岁之前,口腔触觉探索仍然是婴儿认识物体的主要手段,同时在以后相当长的一段时期内,是手的触觉探索的重要补充。

（2）手的触觉

新生儿一出生便有手的触觉探索,抓握反射便是这种探索的表现。当我们用某个物品轻轻触碰婴儿的手心,他立刻紧紧地握住。这种无条件反射很快就会消失,随之出现一些无意的触觉活动,如有些婴儿会一边吃奶一边抚摸妈妈的脸庞或胳膊。

手眼协调是婴儿认知发展过程中重要的标志,这是视觉和触觉协调作用的结果,出现在6个月左右,判断的依据是伸手能抓到东西。婴儿要完成这个看似简单的动作需要具备三个条件:视觉感知到物体的具体位置、运动觉掌握到手的状态、视觉支配手的触觉活动。尽管婴儿从6个月左右就出现手眼协调,但在这以后乃至整个学前期,其精确性都比较差,成人有意识地帮助其进行练习,不但能提高手眼协调能力,而且对促进小肌肉动作及智力发育都有帮助。

此外,有研究表明,6个月之前的婴儿就出现了触觉和听觉的协调,在黑暗中发出声响,婴儿会伸手去抓,在可控的距离内,能够根据声源抓到发声的物体。

4. 味觉和嗅觉

味觉是人口腔内的感受系统对食物刺激产生的一种感觉。相关研究表明,早在胎儿16周左右,舌头上的味蕾就发育完全,而母亲食用的食物可通过羊水帮助胎儿形成最初的味觉体验,所以一出生,婴儿的味觉已基本发育完善,并且对甜味表现出更多的热情。4～6个月的婴儿开始出现口味上的偏好。

与味觉一样,嗅觉在生命的早期就开始发生作用,刚出生几天的婴儿就能表现出很好的嗅觉能力。他们能分辨令人愉悦和讨厌的气味,并且闻到讨厌的气味会出现皱眉、闭眼、骚动的反应。出生一周后,新生儿就能辨别母亲的气味,也能区分母亲和其他女性的奶味。

(二) 知觉

1. 空间知觉

空间知觉主要是指对物体空间关系的位置以及机体自身在空间所处位置的知觉。

空间知觉包括形状知觉、大小知觉、方位知觉和距离知觉。[①] 其中,形状知觉和大小知觉是对物体外在属性的认识,而方位知觉和距离知觉则是对物体之间关系的认识。这些认识都是比较复杂的知觉,它们无法通过单一感官实现,而必须借助多种感官乃至思维的配合才能完成。

（1）形状知觉

形状知觉是人们对物体形状特性的认识,它是视觉、触觉、动觉协同作用的结果。很小的婴儿就能分辨不同的形状并表现对特定形状的偏好,其中最有名的当属范茨的实验。他设计了一个注视箱的实验装置,让刚出生几天的婴儿平躺在床上,在其上方呈现不同形状的物体,以婴儿眼睛注视时间作为衡量指标。实验结果表明,当呈现两个相同形状的物体时,注视时间大致相同;而呈现不同形状的物体时,注视时间不同。他通过进一步的偏爱物实验,发现婴儿喜欢轮廓清楚的图形、爱看圆形的图形、爱看正常的人脸,尤其是母亲的脸。

另外一些研究者也进行了相似的实验,表明婴儿已经形成了形状知觉的恒常性,但这种能力会受到刺激物的外在属性影响,如颜色。到了 6 个月左右,婴儿已经能够根据面部特征辨别不同的人。

（2）大小知觉

大小知觉是大脑对物体的长度、面积和体积在量方面变化的反映,它同样是多种感觉共同作用的结果,其中视觉起主导作用。6 个月前的婴儿,已经能对物体大小知觉表现出稳定的认识。

（3）方位知觉

方位知觉是人们对自身或客体在空间的方向和位置关系的知觉。婴儿的方位知觉,即对方向进行定位的能力,在出生后已有所表现。出生不久的婴儿已经能够根据声音辨别不同方位。研究发现,6 个月左右的婴儿,可以在黑暗中依靠听觉指示去抓握物体。

（4）距离知觉

距离知觉又称深度知觉,是指个体对立体物体或两个物体前后相对距离的知觉,这是一种以视觉为主包括多种感觉器官综合作用的现象,经验和周围事物的线索会对其产生一定的影响。

婴儿很早就有了深度知觉,为了了解其发展的情况,吉布森和沃克在 1960 年设计了"视崖"实验。"视崖"是一种测试婴儿深度知觉的特殊装置,把婴儿置于厚玻璃板的中央,两侧分别制造出"浅滩"和"悬崖"的视觉效果。实验开始,婴儿母亲分别在两侧呼唤、诱使其爬行。若婴儿无法识别不同深度,那么无论母亲在哪一侧,他都会爬过去。吉布森和沃克选择 36 个 6.5~14 个月的婴幼儿进行了该实验,结果有 27 名婴儿爬向"浅滩",即使母亲在"悬崖"一侧使劲呼唤,也只有 3 名婴幼儿爬向"悬崖",大部分都背离母亲爬,有些甚至大哭。这个实验说明幼小的婴儿已经初步具备深度知觉,并对深度表现出害怕、恐惧的情绪。

后来,有不少学者继续对婴儿的深度知觉进行研究,尤其是将视崖装置与心率等可测量的

---

① 陈帼眉.学前心理学[M].北京:人民教育出版社,2003.

生理指标相结合,发现早在2～3个月时,婴儿就能辨别不同的深度,而到9个月时,由于经验的丰富,面对较深的一侧时,婴儿会出现害怕情绪。

2. 时间知觉

时间知觉是个体对客观事物运动过程的先后顺序和持续长短的认识,简而言之,就是对客观现象的顺序性和延续性的反映。时间是看不见摸不着的,无法被人直接感知,人体也没有一个专门反映时间的分析器,且对时间的认识具有较强的主观性,这些都导致了婴儿认识时间异常困难。

在实际生活中,婴儿的时间观念主要是与生理需要及生活经验密切相关的。最早对时间的知觉便是依靠生理上的变化产生对时间的条件反射,如婴儿对吃奶时间的条件性反应。而有规律的生活制度和作息制度可以帮助婴儿建立起一定的时间观念,成人应创设有规律的生活环境,形成规律的作息制度。

二、1～2岁幼儿的感知觉发展

(一) 感觉

1. 视觉

1岁以后,幼儿的视力进一步提高,到2岁时通常接近正常成人(0.6～0.8,具体数值存在个体差异),并能根据物体的远近调节焦距进行对焦。幼儿在辨别颜色的过程中,一般遵循识别颜色—颜色指认—颜色命名顺序。1.5岁左右的幼儿能认识更多颜色,能将常见的颜色与对应的名称匹配,并进行指认。

2. 听觉

1岁以后,幼儿的听觉定位能力已接近成人,且能够辨别生活中常见的声音,如猫狗的叫声、嘀嗒的雨声等。他们喜欢与人互动,能听懂成人的一些简单指令并给出正确的反应,如"和阿姨拜拜、飞吻一下"。对于一些喜欢的曲子,幼儿还能随之拍手、扭动。

3. 触觉

1岁以后,幼儿逐渐学习直立行走,他们的双手得到解放开始对外界事物进行更自由的接触与探索。手的触觉渐渐取代口腔触觉,成为主要的探索方式。他们喜欢用手摆弄各种物品,这是玩乐,也是学习的方式,成人应给予支持。

4. 味觉和嗅觉

1岁以后,幼儿的味觉偏好更加明显,对于一些常见的食物,有一定的味觉记忆,会根据自己的喜好表现出接纳或抗拒行为。尽管幼儿对食物表现出较多的关注与热情,但对于一些新食物,幼儿并不是一开始就马上接受,成人应多鼓励,秉承少量多次原则,让幼儿慢慢接受。

1岁以后,幼儿的嗅觉也更加敏锐,能够分辨一些常见的气味,同时具有一定的嗅觉记忆,尤其是对养育者的气味十分依赖。

(二) 知觉

1. 空间知觉

(1) 大小知觉

1岁半左右的幼儿可以区分大小差异较为明显的两个物体。

(2) 方位知觉

正常婴幼儿主要依靠视觉定位方向,并借助于具体的物品认识方位。1岁半左右学会走路的幼儿,能辨别家中各类物品的位置,能根据成人指示完成简单的取物工作,如到客厅拿包糖果。

2. 时间知觉

这个阶段的幼儿对于时间的知觉主要还是依赖生理体验及周围事物的变化,但这种认识比较模糊,容易出错,比如夜晚的时候打开灯,幼儿会觉得天亮了,吵着要出门玩。

三、2~3岁幼儿的感知觉发展

(一) 感觉

1. 视觉

3岁的幼儿,视力接近或达到正常成人水平,能够执行精细的视觉任务,立体视觉日趋成熟。同时,随着语言能力的发展,幼儿能说出物体的颜色名称。

视力的发展除了来自遗传的影响,环境对视力的影响也不可小觑,成人要为幼儿提供充分的视觉经验,并从小帮助其养成健康的用眼习惯。弱视是视力发展过程中的一种常见病,表现为视力无法达到正常水平、两眼无法同时注视一个物体;无立体感、对自身及物体的空间定位不准确,如走路易踩空、手眼严重不协调等。成人可通过一些简单的观察方法,及早发现、及时治疗。根据医学研究,无器质性病变的弱视,治疗及时,效果较好。治疗弱视的最佳时间是3~5岁。

2. 听觉

2岁以后,幼儿听觉的敏锐性和理解力都进一步提高,能执行一些较为复杂的指令,如"宝宝,打开门,把纸张丢到垃圾桶。"对自己熟悉的儿歌或故事,他们会乐此不疲地一遍遍重复听。

3. 触觉

2岁以后,幼儿的触觉变得细腻敏锐,辨别功能日益凸显,他们可以感知物体的形状、大小、软硬、冷热等,丰富对物体的认识。

(二) 知觉

1. 空间知觉

(1) 形状知觉

随着手眼协调活动及经验的丰富,到了3岁左右,幼儿能认识圆形、方形、三角形等常见图形,并能够根据范本找出相同形状的物体。

(2) 大小知觉

2岁左右,幼儿能根据成人的语言指示取放大小不同的物体,判断大小的精确度不断提高。我们知道,物体的大小是相对的,幼儿对物体大小的知觉,蕴含着辩证思维发展的萌芽。

(3) 方位知觉

婴幼儿的方位知觉发展主要表现在对上下、前后、左右方位的辨别。到了3岁,大多数幼儿能正确辨别上下方位,但对于其他方位尚不能准确辨别。

2. 时间知觉

2~3岁的幼儿在时间知觉方面开始展现出初步的发展特点。他们能够区分"现在"正在进行的事件和"非现在"(即过去或未来)的事件,明白有些事情是当下发生的,而有些事情则已经发生或尚未发生。同时,幼儿开始理解事件的顺序性,知道先发生什么,后发生什么,例如吃饭前要先洗手,睡觉前要先换睡衣。此外,他们还开始使用一些简单的时间词汇,如"现在""等一下""昨天""明天"等,尽管对这些词汇的理解还相对模糊,可能无法准确应用。然而,2~3岁幼儿的时间知觉仍然存在局限性,他们无法准确判断时间的长短,也无法理解更复杂的时间概念,如"几分钟""几小时"等。

四、促进0~3岁婴幼儿感知觉发展的策略

(一) 提供练习机会

适当的练习对任何学习都是必要的,从小对婴幼儿进行感官训练,给予充分的练习机会,会使其感官变得更加敏锐,提高感知能力,为其将来的成长奠定充分的基础。成人在给婴幼儿提供练习机会时,应注意以下几点:第一,练习必须考虑婴幼儿的接受能力。0~3岁婴幼儿的成长变化是十分迅速的,结合他们的年龄特点,制定练习的项目、方式和时间,是有效练习所必需的。如在对6个月以内的婴儿进行视觉训练时,既可以选择一些色彩鲜明、轮廓清晰的图案放在固定位置让孩子观看,也可以借助一些简单的小游戏,如扮鬼脸、追亮点等游戏培养其反应能力。第二,练习必须在成人的指导下进行。婴幼儿由于年纪较小、经验有限,在练习时,可能会出现一些不安全的要素,如将进行触觉训练的小毛球塞进嘴巴等,因此不管进行何种感官训练,成人都须全程在场。第三,练习的方法要多样。多样化的练习能够保持婴幼儿活动的积极性,还可以从不同侧面强化某种感官能力。

(二) 丰富感官经验

丰富感官经验,简言之,就是让婴幼儿多看、多听、多尝、多摸、多闻。首先,在日常生活中,要给予婴幼儿充分接触环境的机会。有些家长认为孩子小,外出不安全,整天将其圈在家中,这无形中剥夺了孩子感受外界丰富多彩的权利。婴幼儿是在与环境的互动中开阔眼界、丰富经验的,家长要尽可能让婴幼儿接触不同类型的环境。其次,要帮助婴幼儿收获不同层次的感官经验。以听觉为例,应该让婴幼儿听不同的声音以丰富其听觉经验。自然界或生活中有许许多多有意思的声音,如母亲的轻声细语、呼呼的风声、嘀嗒的雨声、清脆的鸟鸣、滴滴的车声等,成人应有意识地引导婴幼儿注意并聆听。此外,悦耳的音乐作品也是丰富听觉经验的有益材料。丰富听觉经验,体验不同的声音,不仅可以提高婴幼儿的听敏度,对其思维的发展也是很有帮助的。再次,帮助婴幼儿分析、剔除不良经验。婴幼儿的学习能力很强,他们在收获经验的同时,也会迅速体现在行为上。周围的环境是丰富多彩的,但并不是所有的事物都是美好的,如灼人的灯光、刺耳的响声等。当这些对感官有不良影响的刺激进入婴幼儿的视野时,家长要帮助其分析利弊,引导婴幼儿学会保护感官。

(三) 遵循发展规律

婴幼儿的生理和心理发展都具有一定的顺序性和阶段性,在对其进行感官训练的时候,要了解不同年龄段婴幼儿的生理、心理特点,顺应婴幼儿的发展规律,进行符合其发展水平的指导,循序渐进,千万不能盲目追求速度、揠苗助长。过早过多的早期训练不仅增加了婴幼儿的身心负担,对其长远发展也是极度不利的。同时,国内外相关研究证实,个体从环境中吸取感知信息时,存在着不同的感官偏好,个体会按照自己不同的感官偏好选择合适的刺激与学习方式。在对婴幼儿进行感官训练的时候,成人要采取因人而异的指导方式。

(四) 联系实际生活

0~3岁婴幼儿接触的事物大多是围绕日常生活起居,在对婴幼儿进行感官训练时,成人要围绕婴幼儿的生活环境展开。首先,帮助婴幼儿学有所用。婴幼儿和成人一样,若看到自己

能够作用于周围的事物,心理上会产生强烈的满足感,因此成人要积极帮助婴幼儿将学习到的本领应用于生活中。如学会区别配对以后,可以让其帮助妈妈摆放拖鞋。其次,训练的材料尽量简单易得。婴幼儿大多处于直觉行动思维阶段,在活动时,需要大量的材料辅助。这些材料如果简单易找,不仅从小培养婴幼儿一物多用的思维,且方便成人随时随地与其互动。再次,摆脱无聊的纯粹训练。早期教育的目的不是训练技能,更不是培养天才,因此在实施过程中,要避免一些无聊的纯粹训练,否则伤害了婴幼儿学习的积极性,反而得不偿失。

(五)用心保护感官

健康的感觉器官是进行正常的、有效的感知活动的必要条件。如果感觉器官受损,必然要影响婴幼儿的一切感知活动。近年来,近视的发病率呈现出低龄化的倾向。在0~3岁婴幼儿眼睛的保护上,可从以下四个方面入手。

第一,保证充足的营养。胡萝卜素可在体内转变成维生素A,这对视力有重要作用,家长可让婴幼儿多吃些类似胡萝卜、动物肝脏、牛奶等有助视力提高的食物。

第二,注意眼睛的卫生。由于免疫系统发育尚未完善,很多婴幼儿的眼屎较多,不仅孩子,有些家长也会不自觉地用手去揉、抠,这都是不卫生的。家中应有专为婴幼儿准备的干净毛巾,用以清洗脸部。如果异物不慎进入,不能盲目清洗,要提起眼皮,让眼泪带动流出,或请医生帮忙。

第三,注意培养用眼习惯。现在许多家长都注意培养婴幼儿看书阅读的习惯,但由于婴幼儿眼睛发育尚不完善,视力还不稳定,如果用眼过度,长时间、近距离看书或看电子产品,容易造成视力下降等问题。所以3岁以内的婴幼儿一次阅读时间不超过20分钟,看完书后,要让婴幼儿远眺,放松眼睛。

第四,增加户外活动时间,自然光有助于减缓近视发展。成人应多鼓励婴幼儿进行户外活动,享受阳光与自然。

此外,定期对婴幼儿的眼睛进行检查,发现异常,及时治疗。

除了眼睛,耳朵是人类获取信息的第二大渠道。早在母体子宫内,听觉器官便已迅速发育,新生儿基本已具备正常的听力水平,但他们的听力系统仍在不断发展和成熟,听力不好往往是因保护不力引起的。那么如何保护他们的耳朵和听力呢?

第一,要预防并积极治疗耳病。幼小的孩子经常感冒,这容易引起中耳炎,进而导致听力下降。因此一旦发现,要赶紧治疗,防止反复感染,严重影响听力。

第二,养成良好的卫生习惯。洗澡或游泳后,耳朵里会残余少量的水,要侧耳倒出或用棉签吸水,切忌用手挖。

第三,保持安静,避免噪声。婴幼儿的生活空间尽量保持安静,在交谈、看电视、听音乐时,也要适当控制音量,避免对婴幼儿耳膜的过度刺激,尤其是放鞭炮时,要捂住耳朵,远离声源。

育儿宝典

游戏名称:看一看(1.5~3岁)

游戏目的:训练注意观察及记忆的能力。

游戏准备:布、托盘、生活中的小物品。

游戏过程:将事先准备好的小物品放在一个托盘当中,拿一块布盖上,提醒宝宝注意看托盘中有什么,拿开布,停顿数秒,再盖上,问宝宝看到了什么?游戏可反复进行,直到宝宝能说出托盘子里的所有东西。

注意事项:年龄不同,托盘中的物品可以逐步增加,起始可放3个物品。月龄每增加3个月,盘中多一样物品。

游戏名称:听一听(2~3岁)

游戏目的:训练注意倾听及辨别的能力。

游戏准备:大布袋、敲击会发出不同声音的物品,如积木、塑料片、铃铛等。

游戏过程:游戏开始,站在离宝宝三米的地方,将会发出声响的小物品放在袋子中,用手在袋子里摇动某样物品,然后问宝宝,你听到什么东西发出声音?待宝宝说对后,再换另一样;如果宝宝说错,将这样物品拿出,在宝宝面前晃动,再放入布袋中。

注意事项:布袋中发出声响的物品是宝宝所认识的。

游戏名称:追一追(1~1.5岁)

游戏目的:训练宝宝的追视能力。

游戏准备:手电筒。

游戏玩法:抱着宝宝坐在沙发上,打开手电筒,告诉宝宝:"这是一个淘气的小不点,它想和你的眼睛玩游戏,看你的眼睛能不能追到它。"然后将手电筒照在墙面上,不停地移动,让宝宝捕捉。

注意事项:移动的速度由慢到快,室内的光线要适度调暗。

游戏名称:配对(1~1.5岁)

游戏目的:提高宝宝的观察及辨色能力。

游戏准备:准备红、绿、黑、白小积木各两块。

游戏玩法:将事先准备好的小积木随意摆放在桌面上,要求宝宝找出相同颜色的积木,并将颜色相同的积木放在一起。

注意事项:可将游戏中的颜色配对换成大小配对、形状配对等反复进行。

你知道"自然缺失症"么?

自然缺失症(Nature Deficit Disordet,NDD)是由美国作家理查德·洛夫在《林间最后的小孩》一书中提出来的一种现象,即现代城市儿童与大自然的完全割裂。孩子们处在高科技的包围中,远离大自然,他们被电视、电脑、网络游戏、智能手机等吸引,更喜欢室内玩乐,有些孩子在自然环境中反而会手足无措,感到无聊,丧失了与自然亲近的本能,从而导致了一系列行为和心理上的问题,如儿童肥胖、注意力不集中、抑郁、创造力下降等。

孩子们为什么远离自然呢?首要原因是父母由于工作原因,自己不常到户外活动,且出于安全考虑,很少让孩子外出体验大自然。其次,在城市化进程中,"可接触的"自然景观越来越少。再次,随着时代发展,室内可供消遣的电子产品、玩具更加丰富多样,孩子宅家上瘾。

儿童的天性与大自然是连为一体的。儿童的观察也好、游戏也罢,抑或形式多样的玩耍活动都最适宜在大自然中进行,因为自然本身就具有教育意义,尤其是对初来乍到人间的儿童来说,大自然是其最广泛、最具魅力、最有营养的教科书。在大自然里,孩子的感官是完全开放的,他们是用身体在学习,无时无刻不在学习,观察力和感受力都会更敏锐,身体更加灵活协调,而这些亲身观察与体验自然的经历,对于将来消化课堂的"间接经验"是非常有益的。同时,大自然中的花鸟虫鱼、风花雪月是能让儿童充分地感受美、认识美进而萌发创造美的乐趣,这就在潜移默化中对儿童进行的情感滋润和道德熏陶。

所以,让孩子们,特别是城里的孩子们回到自然中去,亲近自然,贴近土地,带领他们在自然里做游戏,去体验人与人、人与自然以及自然本身应有的和谐与平衡,这不仅是为了环境教育,也是对稚嫩心灵的抚爱与陶冶。

在生活中,父母可以怎么做呢?在空闲时间,带着孩子一起到公园或野外一起倾听观赏大自然,让他闭上眼睛,专心听听风声、雨声或是虫鸣,并鼓励他寻找声音的来源;让他用双眼观察自然,看看云的变化,花的颜色,虫的爬行等,还要多和孩子交流在自然中所见所闻,鼓励孩子多多表达自身的感受。随着孩子年龄的增长,还可以让孩子学习照顾动植物,如与孩子在阳台上种植一些简单的植物,让孩子学习自己照顾植物,体会生命成长的可贵。当然,对于孩子感兴趣的事物,家长可以利用看大自然相关的书籍或影片,丰富孩子的认知经验,帮助孩子认识自然、喜欢自然。

任务思考

1. 联系实际谈谈如何保护0~3岁婴幼儿的视觉和听觉。
2. 联系实际谈谈如何促进婴幼儿的感知觉发展。

任务二 探究婴幼儿的注意发展

案例导入

小悦老师是托育机构的新老师,班里共有20名2~3岁的幼儿。开展蒙氏工作的时候,小悦老师总是认真地观察幼儿并提供适当的引导和帮助。她发现大部分的幼儿都能专注于自己的工作,个别幼儿对于自己喜欢的工作,比如穿珠、搭积木等,注意力集中时间比较长,有时能达到30分钟以上。但有个别幼儿总是在活动室走来走去,不能专注地工作,甚至还会去打扰别人,需要小悦老师频繁地进行干预和引导。

这引发了她的思考,为什么幼儿的注意力会有这么大的个体差异?幼儿的注意力是怎样发生发展的?受哪些因素的影响?作为托育机构的老师,她该如何提高或者指导家长提高个别幼儿的注意力?

在该任务中,你将了解婴幼儿注意的发生与发展内容,理解婴幼儿注意发展的特点及影响因素,掌握启蒙婴幼儿注意力的方法。

注意是指个体心理活动中对一定对象的指向和集中,是一种心理的定向能力。指向和集中是注意的两个本质特征。注意的指向是指个体对某些外界刺激物的捕捉和选取,对另一些刺激物的忽略不顾。集中是指注意时的全神贯注,表现为心理定向的紧张度和程度。

在婴幼儿阶段,注意主要分为无意注意和有意注意,无意注意是婴幼儿自然而然产生的,不需要预定目的和意志努力,主要由外界刺激物的鲜明性、新颖性等特点引起,比如一个突然响起的玩具声音或一抹鲜艳的色彩就能轻易吸引他们的注意。而有意注意则是婴幼儿在成长过程中逐渐发展起来的,它需要预定的目的和一定的意志努力来维持,比如当婴幼儿在成人的引导下尝试搭建积木时,他们会集中注意力于手中的积木和搭建的过程。了解婴幼儿无意注意和有意注意的特点,有助于我们更好地引导和支持他们的认知发展。

注意与婴幼儿感知觉密切相关。注意能使婴幼儿更加全面、清晰和突出地感知其所指向和集中的事物。在婴儿早期,感知觉引起注意,注意又促进婴儿对事物更细致地感知。如果说感知觉是认知的第一级通道,则注意就是认知的第一道大门。另外,心理学家把注意作为研究婴幼儿感知能力的主要指标。婴儿早期还不能用言语表达其感知觉,但能通过各种注意行为表现出来。我们广泛采用的视觉偏爱法、习惯化法和吸吮抑制法等,都是以注意作为主要操作指标的。

注意与婴幼儿的记忆有关。没有注意参与的感知觉信息,在大脑中保持的时间较短,一般只能达到短时记忆的水平,不容易记住。而注意则能使感知觉信息进入长时记忆系统,引起大脑皮层记忆神经元的某些变化。研究证明,注意发展水平低的婴幼儿,其记忆发展水平也低。

注意是婴幼儿学习的先决条件。注意通过对感知觉和记忆过程的影响而直接制约着婴幼儿的学习效果。一般地,婴幼儿注意品质(注意广度、稳定性、注意的分配和转移)高,则学习效果也好,能力提高也快。有研究者(Lewis 等,1981)先后采用不同的方法对 0~6 个月的婴儿注意品质与 2 岁后认知能力发展的关系进行了实证研究,发现早期注意品质较高的婴儿,其 2 岁后认知能力发展的水平也较高。

注意与婴幼儿行为的坚持性密不可分。在整个婴幼儿期,由于注意水平的不断提高,行为的坚持性也逐步发展起来。婴幼儿坚持性的一个重要特点就是,只有在集中注意时才能坚持某一行动;如果注意转移,则原本正在进行的活动也就中止。

总之,注意作为脑的一种状态和功能,是感知觉、记忆和学习、思维等心理过程所不可缺少的。婴幼儿注意发展的一般趋势是:随着年龄的增长,注意的选择性与稳定性逐步发育成熟;在幼儿期,注意的分配和转移能力开始发展,并产生了有意注意。下面我们具体介绍婴幼儿注意的发展情况。

一、0~1 岁婴儿的注意发展

新生儿的觉醒时间较短,据统计,除喂奶情况外,90%新生儿的觉醒状态持续不到 10 分钟。在这短暂的时间里,新生儿除了产生原始的注意行为——定向性注意,还发生了选择性注意。

(一) 0~1 个月新生儿

0~1 月的新生儿,他们的注意发展处于一个非常特殊的阶段。在这个时期,俄国生理学家巴甫洛夫所提出的"定向反射"概念对我们理解新生儿的注意至关重要。定向反射是一种由情境的新异性所引起的复杂而特殊的反射,它是新生儿无意注意的最初形态。当环境中出现某种新异刺激,比如适度的灯光或声音,新生儿会不由自主地注意它,表现出定向性注意。这种注意是个体与生俱来的生理反应,主要由外物的特点引起,发生于脑的低级部位,因此可以视为无意注意的萌芽状态。我们会观察到,新生儿在面对这些刺激时,会变得更平静,停止正在做的事情,睁大眼睛,心跳减慢。

值得注意的是,新生儿并不是被动地接受所有外界刺激,而是主动探索、发现信息,并对这些信息或刺激做出有选择的反应。心理学家罗伯特·范兹通过"视觉偏爱"的研究方法发现,新生儿已经具备了用视觉区分形状的能力,他们对有混杂面部特征的视觉刺激和正常人的面孔一样感兴趣。这表明,即使在生命的最初阶段,新生儿就已经展现出了注意的选择性。

(二) 1～3个月婴儿

满月以后的婴儿,随着神经系统的迅速成熟,其每天清醒的时间变长,睡眠-觉醒周期更加规律。此时婴儿的注意也迅速发展,并且表现为注意选择性发展。范兹(Fantz,1961)的研究显示:2～3个月的婴儿对简单明了的图形更加偏爱,对成形的图案比不成形的图案注视的时间更长,对人脸的注意多于对其他事物的注意(见图3-2-1)。

在范兹之后,多名研究者采用视觉偏爱法广泛开展了婴儿注意选择性的研究,并总结出1～3个月婴儿注意选择性的主要规律与特点(见图3-2-2)。[1]

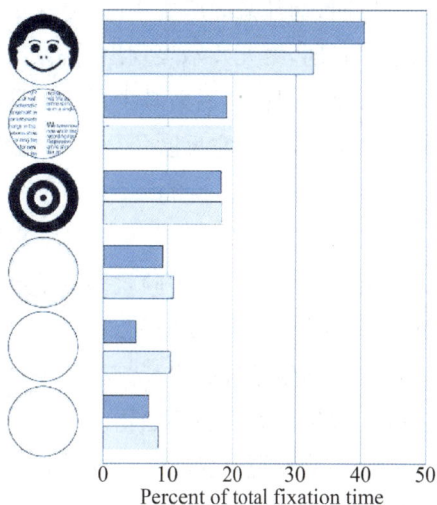

图3-2-1　2～3个月婴儿(上)与3个月以上婴儿(下)注视图形时间对比

图3-2-2　1～3个月的婴儿喜欢看的图形

① 以棋盘格图案进行的检测表明,婴儿更偏好复杂的刺激物;

② 偏好曲线多于直线;

③ 偏好不规则图形多于规则图形;

④ 偏好轮廓密度大的图形多于密度小的图形;

⑤ 偏好具有同一中心的刺激物多于无同心的刺激物;

⑥ 偏好对称的刺激物多于不对称刺激物;

⑦ 从注意局部轮廓向有组织地注意较全面的轮廓发展;

⑧ 从只注意形体外周向注意形体内部因素发展。

从婴儿注意选择性的上述诸维度可见,婴儿的注意已经可能捕捉物体广泛的特征。

(三) 3～6个月婴儿

1. 注意的产生:无意注意为主

3～6月龄的婴儿,其注意的产生仍然以无意注意为主。这意味着,他们的注意往往是由

---

[1] 张文军.学前儿童发展心理学[M].2版.长春:东北师范大学出版社,2017.

外界刺激的变化所引发的,如突然出现的声音、移动的物体或鲜艳的色彩等。这些新异、强烈的刺激能够迅速吸引婴儿的注意,使他们产生好奇和探索的欲望。

2. 注意的保持:习惯化现象的出现

然而,与注意的产生不同,3～6月龄婴儿注意的保持机制则随着他们的成长而发生变化。在这一时期,婴儿开始表现出对特定刺激的习惯化现象。即当婴儿反复接触同一刺激时,他们的注意持续时间会逐渐减少,甚至不再对该刺激产生反应。这种习惯化现象是婴儿认知发展的一种重要表现,它反映了婴儿对熟悉刺激的适应能力和对新颖刺激的探索欲望。

3. 影响注意保持的因素:物像内容的复杂程度

许多研究表明,影响3～6月龄婴儿注意保持的因素与注意物像内容的复杂程度密切相关。范兹等(1975)的实验就揭示了这一点。他们向婴儿呈现包括不同数量和大小的刺激物序列,并记录婴儿的注视时间。结果发现,随着月龄的增长,婴儿对数量多、角度多变和更复杂的视觉刺激的偏好日益增长。具体来说,4、5个月的婴儿对数量少而大的刺激物的注视时间明显少于数量多而小的刺激物。

这一发现说明,随着年龄的增长,婴儿的注意开始更加倾向于复杂、细致的物像。他们不再仅仅满足于简单的刺激,而是开始追求更多样化、更富有挑战性的视觉体验。这种对复杂刺激的偏好反映了婴儿认知能力的不断提升和对外界环境的积极探索。

4. 注意特性的控制因素

那么,是什么控制着3～6月龄婴儿的注意特性呢?一般认为,以下三个方面起着决定性作用。

第一,注视对比的敏感性,即婴儿辨别差异的能力。婴儿能够敏锐地察觉到物体之间的细微差别,如颜色、形状、大小等。这种敏感性使他们能够更准确地识别物体,从而对感兴趣的事物保持更长的注意时间。

第二,注视转换能力。婴儿在注视过程中,能够迅速地将视线从一个物体转移到另一个物体上。这种注视转换能力反映了婴儿眼动控制的灵活性和协调性,也是他们探索外界环境的重要手段。

第三,当前刺激的表象与长时记忆信息的关系。婴儿在接触新事物时,会将当前刺激的表象与长时记忆中的信息进行比较和联系。如果当前刺激与他们的记忆信息相符或相似,那么婴儿就会对其产生更强烈的兴趣和注意。

(四) 6～12个月婴儿

1. 注意的产生:向有意注意过渡

6～12月龄的婴儿,其注意的产生逐渐从无意注意向有意注意过渡。新生儿时期,婴儿的注意主要是被外界强烈、新异的刺激所吸引,如突然的响声、鲜艳的颜色等,这是一种无意注意。然而,随着月龄的增长,婴儿开始能够根据自己的意愿、需要和偏好来选择注意的对象,这标志着有意注意的萌芽。举例来说,当婴儿看到母亲拿着他们喜爱的玩具时,他们会表现出明显的兴奋和期待,主动伸出手去抓取,这种主动的行为就是有意注意的表现。此时,婴儿的注意不再仅仅是被外界刺激所驱动,而是开始受到内部动机的调控。

2. 注意的保持:表现出选择性

6～12月龄婴儿的注意保持能力也在逐渐增强。他们能够对感兴趣的事物保持较长时间的注意,这种注意保持的能力是婴儿认知发展的重要基础。例如,当婴儿在玩弄一个新颖的玩具时,他们会专注地观察、触摸、尝试各种操作方式,这种持续的注意行为有助于他们深入了解玩具的特性,促进认知发展。

同时,婴儿的注意保持还表现出一定的选择性。他们更倾向于对熟悉、偏爱的刺激物保持长时间的注意,而对陌生、不感兴趣的刺激物则容易转移注意。这种选择性的注意保持有助于婴儿在复杂的环境中筛选出重要信息,提高信息处理的效率。

3. 影响因素

6～12月龄婴儿注意能力的发展受到多种因素的影响,主要包括以下几个方面。

(1) 运动能力的发展

随着婴儿运动能力的增强,他们的活动范围逐渐扩大,能够接触到更多的事物,这为他们的注意提供了更丰富的刺激来源。同时,运动能力的发展也使得婴儿能够更主动地探索环境,从而增强他们的有意注意能力。

(2) 经验的影响

婴儿的经验对他们的注意选择性有着重要影响。例如,婴儿在与母亲的互动中学会了识别母亲的声音和面容,因此他们对母亲的出现会表现出更强烈的注意和兴趣。这种由经验形成的偏好和期待会影响婴儿的注意选择和行为反应。

(3) 社会性交往

社会性交往对婴儿注意能力的发展也有着重要作用。在与他人的互动中,婴儿学会了辨别熟人和陌生人,对熟悉的人表现出欢快和亲近,对陌生人则表现出警觉和回避。这种社会性经验不仅影响了婴儿的注意选择性,还促进了他们的社会认知和情感发展。

二、1～2岁幼儿的注意发展

婴幼儿注意的发展是由无意注意发展为有意注意。无意注意是整个婴儿期占主导地位的注意形式。1岁以后,婴幼儿开始逐步掌握语言,表象开始发生,客体永久性概念日臻完善,记忆和模仿能力迅速发展,这一系列认知能力的突飞猛进使幼儿注意能力继续发展,并产生了有意注意的萌芽。

(一) 注意的产生:有意注意萌芽

1～2岁幼儿的注意开始从无意识的、生理性的反应向有意识的、受语言和环境引导的注意转变。

1. 无意注意向有意注意的过渡

在1岁左右,幼儿的无意注意仍然占据主导地位,他们容易被鲜艳的颜色、突然的声音或新奇的物体所吸引。然而,随着语言的初步形成,幼儿开始能够理解成人的言语指令,并逐渐学会根据成人的要求去注意某个物体或执行某个动作。这标志着幼儿有意注意的萌芽。

2. 语言作为第二信号系统的作用

1岁以后,婴幼儿的语言能力迅速发展,语词作为第二信号系统的刺激物,开始制约和影响他们的注意活动。当幼儿听到成人说出某个物体的名称时,他们会相应地注意那个物体,而不再仅仅依赖于物体的物理特征或新异性。这种转变使幼儿的注意活动更加具有目的性和选择性。

(二) 注意的保持:逐渐增强

1～2岁幼儿注意的保持能力逐渐增强,他们能够更长时间地专注于某个活动或物体。

1. 注意时间的延长

随着幼儿年龄的增长,他们注意的时间逐渐延长。从最初的几秒钟到几分钟,甚至更长。

视频

满月到周岁
婴儿注意的
特点与培养

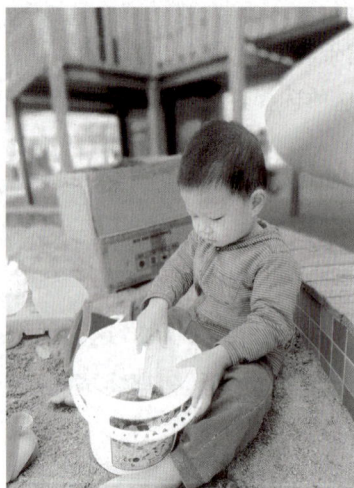

图 3-2-3　1 岁 11 个月幼儿在
专注地玩沙

这种延长为幼儿更深入地探索环境、学习新的技能和知识提供了可能。(图 3-2-3)

2. 客体永久性认识的影响

1~2 岁幼儿对客体永久性的认识日趋成熟,他们开始理解物体即使不在视线内也依然存在。这种认识使幼儿的注意活动更加具有持久性和目的性。他们不再因为物体的消失而失去兴趣,而是会积极地寻找和探索。

3. 表象对注意保持的促进作用

随着表象的发生,幼儿的注意开始受表象的直接影响。当事物和其表象出现矛盾或较大差距时,幼儿会产生最大的注意。这种对矛盾的敏感性和探索精神有助于幼儿更长时间地保持注意。

(三) 影响因素

1~2 岁幼儿注意的发展受到多种因素的影响,包括生理因素、环境因素以及幼儿自身的认知发展水平等。

1. 环境因素

环境中的刺激强度、新颖性和复杂性都会影响幼儿的注意。一个丰富多样的环境能够提供更多有趣和具有挑战性的刺激,从而吸引幼儿的注意并促进其注意的发展。然而,过于嘈杂或干扰过多的环境可能会分散幼儿的注意,不利于其专注力的培养。

2. 认知发展水平

幼儿的认知发展水平是影响其注意的重要因素。随着幼儿认知水平的提高,他们开始能够理解更多的信息和概念,并能够根据这些信息来指导和调节自己的注意。例如,当幼儿能够理解"红色"这个概念时,他们就能够更容易地将注意力集中在红色的物体上。

3. 语言与表象的交互作用

语言和表象作为幼儿认知发展的两个重要方面,对幼儿的注意产生着深远的影响。语言作为第二信号系统,能够引导幼儿注意的选择性和目的性;而表象则使幼儿能够在没有实际物体的情况下保持对某个事物的注意和想象。这种交互作用为幼儿提供了一个更加广阔和丰富的注意世界。

三、2~3 岁幼儿的注意发展

随着言语能力的逐步提升,幼儿开始能够调控自己的心理活动,主动地将注意力集中于应该关注的事物上,这标志着有意注意的出现。幼儿的有意注意通常是在成人提出的要求或引导下逐渐发展起来的,他们学会按照语言指令来组织和维持自己的注意。

(一) 注意的产生:无意注意仍占主导

1. 无意注意

2~3 岁幼儿的无意注意已经高度发展,并表现出一定的稳定性。鲜明、直观、生动具体、突然变化的刺激物以及符合幼儿兴趣、与其经验相关的事物,都能轻易地吸引他们的无意注意。无意注意在帮助幼儿对新事物进行定向和获得清晰认识方面发挥着积极作用,但也可能干扰他们正在进行的活动。在整个学前期,无意注意始终占据主导地位。

視頻
1~3 岁幼儿
注意发展的
特征

2. 有意注意

有意注意是由大脑的高级部位,特别是额叶所控制的。由于额叶的发展相较于大脑的其他部位更为迟缓,因此幼儿期额叶的发展为有意注意的出现和发展提供了必要的生理基础。在这一基础上,幼儿的有意注意在成人的引导和教育下逐渐发展起来。然而,此时有意注意的稳定性还较低,心理活动难以长时间地集中于一个对象上。因此,如果幼儿在活动时能够得到家长或教师的适当引导和鼓励,他们的有意注意时间可以得到延长,有意注意的能力也会得到进一步的发展。例如,当幼儿在玩积木时,家长或教师可以在一旁陪伴并观察,但不要轻易打扰他们,让他们能够专心地搭建。当发现幼儿对游戏失去兴趣或需要帮助时,家长或教师可以适时地介入,通过提问或引导的方式激发幼儿的兴趣,从而延长他们的有意注意时间。

(二)注意的保持:范围与时间愈加稳定

随着动作技能的发展,幼儿对世界的探索兴趣日益浓厚。而探索活动需要注意的引发和维持,这进一步促进了幼儿注意的发展。首先,注意的范围逐渐扩大,幼儿开始能够关注自己的内部状态以及周围人的活动。其次,注意的稳定性得到增强,即注意的时间有所延长。据研究表明,对于感兴趣的事物,1.5 岁的幼儿能集中注意 5~8 分钟,1 岁 9 个月的幼儿能集中注意 8~10 分钟,2 岁的幼儿能集中注意 10~12 分钟,而 2.5 岁的幼儿则能集中注意 10~20 分钟(图 3-2-4)。最后,随着大脑神经系统抑制功能的增强和第二信号系统(即语言)的发展,幼儿的注意转移能力和注意分配能力也得到了较大的提升,尽管这些能力尚未完全成熟。

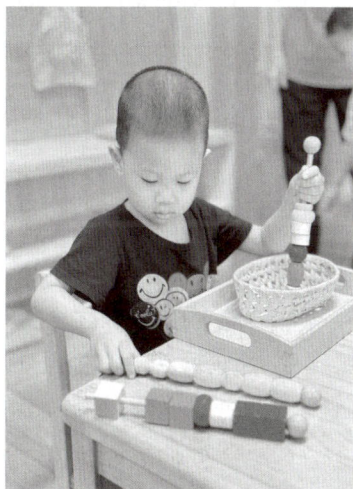

图 3-2-4　3 岁幼儿在专注地穿珠

四、促进 0～3 岁婴幼儿注意发展的策略

(一)合理制定作息制度

制定合理的作息制度并严格遵守,使 0~3 岁婴幼儿得到充分的休息和睡眠,是保证他们精力充沛、注意集中地从事各种活动的前提条件。

(二)适当控制玩具数量

有时候,为了吸引 0~3 岁婴幼儿的注意力,教师和家长经常提供大量的玩具让其自娱自乐。这样的行为会导致他们一会儿玩玩这个,一会儿玩玩那个,很容易什么活动也开展不起来,什么也玩不长。他们大多喜欢一些新颖有趣的事物,教师和家长只需要留下适当数量的活动材料,其余的收起来,不仅常玩常新,也有利于注意力的培养。

(三)谨慎提出游戏要求

教师和家长对 0~3 岁的婴幼儿会提出一些要求或嘱咐,常常反复地说许多遍,唯恐他们没听见或没记住。但是这种做法十分不利于培养婴幼儿注意听的习惯。在他看来,这次没注意听没关系,反正还会再听到。如果教师和家长没有唠叨的习惯,婴幼儿反而可能会认真注意地听。作为教师和家长应该认识到,嘱咐不在多,而在于孩子有没有听进去,实际效果如何。坚持在婴幼儿注视你的时候提出嘱咐和要求往往事半功倍。

(四)严于律己,以身示范

由于 0~3 岁的婴幼儿注意稳定性比较差,婴幼儿在游戏时,教师和家长要做到尽量不去打扰他,让他去做别的事情,以免婴幼儿经常处于分心的状态。尤其是家长,在日常生活中要合理有序地安排自己的生活和工作,做事情有头有尾,不轻易被打扰,这对婴幼儿有着很好的示范作用。婴幼儿活泼好动、对什么事都好奇,注意力不集中完全正常,所以很难持之以恒地完成某件事,但这并不意味着教师和家长可以就此放松对婴幼儿专注力的培养。例如,对刚刚学习爬的婴幼儿,可用一个色彩鲜艳的玩具引起他的注意,当他对此发生兴趣时,把玩具放在他伸手还差一点才能够到的地方,吸引他去抓。几经努力失败后,婴幼儿可能会放弃,这时家长可用手推他的小脚丫,鼓励他用力蹬腿,抓住玩具。婴幼儿会爬以后,可增加训练的难度,在婴幼儿马上就要够着目标物时,可以把它移到更远的地方,鼓励他继续去拿,直到拿到为止。对于大点的婴幼儿,培养他在感兴趣的事情上花费的时间长一点、再长一点,在婴幼儿一再尝试的过程中,他的专注力也得到了锻炼。除此以外,教师和家长还可以通过给婴幼儿讲故事、一起游戏等方式鼓励并培养婴幼儿的注意力。

育儿宝典

游戏名称:宝宝看世界(0~6个月)

游戏目标:引起宝宝注意,发展宝宝注意的持久性。

游戏准备:宝宝精神状态好、黑白靶心图一幅(可自己画)。

游戏玩法:让宝宝平躺在床上,出示靶心图给宝宝看,并告诉宝宝:"宝宝看图了,这里有一个黑色的圆,还有白色的圆。"边说边用手指画出圆的轨迹。将靶心图上、下、左、右轻轻移动,观察宝宝视线是否随靶心图移动。

注意事项:靶心图可根据宝宝接受程度更换成棋盘图、格子图、曲线图等。

游戏名称:宝宝喂"娃娃"(12~18个月)

游戏目标:培养宝宝专注力。

游戏准备:矿泉水瓶(可装饰娃娃脸)、白扁豆。

游戏玩法:将白扁豆装进瓶子里,手摇瓶子哗哗响,吸引宝宝注意。当着宝宝面将白扁豆倒出,对宝宝说:"瓶宝宝饿了,要吃东西,我们一起来喂他吃豆豆吧!"成人示范并引导宝宝拣豆入瓶。

注意事项:可根据宝宝接受程度将白扁豆更换成绿豆、花生、黄豆等小物品。

游戏名称:猜一猜(30~36个月)

游戏目标:培养宝宝注意广度。

游戏准备:小球、小汽车、拨浪鼓等宝宝常见物品。

游戏玩法:在宝宝面前放上汽车、小球等多种物品,让宝宝观察几秒钟,告诉宝宝物品名称。让宝宝闭上眼睛或用布盖住物品,趁机悄悄拿走几样物品,然后让他说出哪些物品不见了。这个游戏要求宝宝在观察时,能快速地注意到几个物品,从而发展了宝宝的注意广度。

注意事项:物品可随宝宝接受程度更换。

任务思考

1. 简述0~3岁婴幼儿注意发生与发展的主要过程。

2. 设计一个促进婴幼儿注意发展的游戏。

3. 尝试实施一个促进婴幼儿注意发展的师幼互动游戏。

任务三　探究婴幼儿的记忆发展

案例导入

小小在 2 岁 6 个月时第一次与家人一起去了大型的海洋世界乐园游玩,这次游玩给他留下了深刻的印象,即便是 5～6 个月以后,他在看到类似的建筑或者动物图片时,仍然会说"这不是××(海洋世界的名字)吗?""这个是海狮,××里面不是也有吗?"每当此时,爸爸妈妈都会微笑着夸赞他的记忆力真好。当然,小小也并不能经常回忆起 6 个月以前的事情,有时候面对最近 3 个月的照片中的场景,他也完全不记得。

家长和老师都希望婴幼儿能有一个好的记忆力来助力未来的学习与发展。但婴幼儿从什么时候开始有了记忆呢?一般情况下,婴幼儿的记忆是怎样发展的?作为家长或者早教托育机构的老师,该如何开发和提高婴幼儿的记忆能力呢?

在该任务中,你将了解婴幼儿记忆的发生与发展内容,理解婴幼儿记忆发展的表现及特点,掌握启蒙婴幼儿记忆的方法。

记忆是人脑对经历过的事物的反映,是个体对其经验的识记、保持和回忆。所谓经历过的事物,是指过去感知过的事物、思考过的问题、体验过的情绪和情感、练习过的动作等,这些经历过的事物都会在大脑中留下痕迹并在一定条件下呈现出来,这就是记忆。

识记是在大脑中留下认识过的某种事物的痕迹的过程,可以把它比喻成大脑在"采购"信息。保持就是把"采购"的信息储存在大脑中,但这种储存并不是简单地、原封不动地把信息放在那里,而是要经过整理和归类,随着时间的流逝,这些信息会发生一定的量变和质变。回忆是人脑对这些信息进行提取的过程,提取信息有两种形式:再认和再现。再认是指注意到当前刺激是过去曾经经历过的刺激,如,在一些单词中选出昨天学习的那几个。再现则是对已消失的刺激产生一个心理表征的过程。如默写前一天学过的几个单词。

关于记忆,根据不同的标准可以分为不同的维度。例如,根据记忆时意识的参与程度可划分为无意识记和有意识记;根据记忆时间的长短可划分为瞬时记忆、短时记忆和长时记忆;根据记忆的意识程度可划分为内隐记忆和外显记忆;根据记忆的内容可以划分为动作记忆、形象记忆、情绪记忆和语词-逻辑记忆。

一、0～1 岁婴儿的记忆发展

对婴幼儿记忆能力发展的研究开始于 20 世纪 50 年代末。帕波塞克(1959)等人进行了最早的研究,并开辟了一条用经典条件反射研究婴幼儿记忆的道路。在随后的几十年里,心理学家不断开创新的研究方法,展开各个方面的研究,取得了丰富的实验证据。

(一) 0～1 个月新生儿

有研究表明,新生儿出生后,如果把记录的母亲声音放给他听,他会停止哭泣,并伴有加快吃奶等行为,这表明新生儿就已经具有初步的记忆能力,并表现出以下特点:

1. 记忆能力初步形成

新生儿自出生起就展现出了初步的记忆能力。这种记忆能力虽然较为原始和简单,但为后续的认知和情感发展奠定了基础。新生儿能够记住一些特定的刺激,如母亲的声音、气味、喂养姿势等,这些记忆主要基于感官体验和生理需求。除此以外,新生儿的记忆可以通过重复互动和刺激(如多次听到母亲的声音)形成。例如,新生儿在多次听到自己的名字后,可能会逐渐对其做出反应。这是因为新生儿的大脑具有可塑性,能够通过感官体验逐步形成记忆。

2. 记忆基于条件反射

条件反射的建立,可以作为记忆的一种指标,对条件刺激物做出条件性反应,表明再认的存在。研究者们普遍把新生儿对于喂奶姿势的再认作为第一个条件反射出现的标志。新生儿出生10天～15天会出现这种条件反射。当母亲或其他人以吃奶姿势把婴儿抱在怀里,新生儿就做出吃奶的反应,似乎对这种姿势有熟悉之感。这些条件反射不仅体现了新生儿的记忆能力,还反映了他们的大脑对环境的适应和学习过程。

3. 以感觉记忆为主

新生儿的记忆主要依赖于感官输入,如视觉、听觉、触觉和嗅觉。这就意味着新生儿主要发展的是视觉记忆、听觉记忆、触觉记忆和嗅觉记忆等,如新生儿会通过触摸和嗅觉记住母亲的气味和怀抱的感觉。这种记忆内容的局限性是新生儿大脑发育阶段和认知能力的限制所致。新生儿无法处理复杂信息,新生儿记忆发展需要借助于丰富的感官刺激(如轻柔的音乐、温暖的触摸)。

4. 记忆保持时间短暂

新生儿的记忆主要是短时记忆,保持时间通常很短暂。他们可能能够在短时间内记住一些刺激,但很快就会忘记。例如,新生儿在听到母亲的声音时会安静下来,但如果声音消失,他们很快就会转移注意力。这种记忆保持时间的短暂性也是新生儿大脑发育和神经连接尚未成熟的表现。随着大脑的发育和神经连接的加强,新生儿的记忆保持时间会逐渐延长。

(二) 1～3个月婴儿

1. 以短时记忆为主

1～3个月的婴儿已经具备了一定的短时记忆能力。他们可以对熟悉的声音、光线和人脸等刺激物产生反应,并在短时间内记住这些刺激物的特征。例如,婴儿可能会记住母亲的面孔或声音,并在短时间内识别。

2. 有初步的长时记忆能力

通过重复的刺激和体验,这一时期的婴儿开始形成对某些事物的长时记忆。有研究表明,3个月的婴儿能分辨出两张陌生人照片之间的不同,哪怕这两个人长得相似,他们也能认出来。也就是在这时候,他们能从好几张女性照片中认出自己妈妈的照片,因为他们看自己妈妈照片的时间比看陌生人照片的时间长得多。这时他们能够产生对妈妈的长时记忆。然而,这些记忆可能并不稳定,容易受其他因素的影响而逐渐消退。

(三) 3～6个月婴儿

1. 长时记忆能力有所发展

在这个阶段,婴儿的记忆能力开始迅速发展。他们开始对熟悉的人、物和声音产生更为持久的记忆。相关研究显示,5～6个月的婴儿记忆可以保持的时间在24～48小时之间。他们会对经常照顾自己的人露出笑容,看到熟悉的玩具会表现出兴奋。这种记忆能力的增强,使得婴儿能够更好地适应周围环境,并与周围的人建立更为紧密的联系。

2. 再认能力的形成

3~6个月的婴儿开始能够再认熟悉的人脸和声音,以及一些简单的事物,如玩具或食物。这种再认能力是基于感知觉和经验的积累,表明婴儿的记忆已经开始从简单的刺激反应向更为复杂的模式识别转变。"习惯化"通常被研究者作为婴儿对事物是否熟悉的指标。一个新异的刺激出现时,人都会产生定向反射——注意他一段时间。如果同样的刺激反复出现,婴儿对它注意的时间就会逐渐减少甚至完全消失。随着刺激物出现频率的增加,而对它的注意时间逐渐减少甚至消失的现象,心理学家称之为"习惯化"。

(四) 6~12个月婴儿

1. 长时记忆保持时间延长

随着婴儿的成长,他们的长时记忆保持时间逐渐延长。他们开始能够记住几天前或几周前的事件,尤其是那些与情感或重复体验相关的记忆。例如,婴儿可能会记住几个月前见过的亲戚或玩过的游戏。这种记忆保持时间的延长,使得婴儿能够更好地回顾和整合过去的经验,为他们的认知发展奠定基础。

2. 认生现象的出现

认生是婴儿记忆能力发展的一个重要标志。在这个阶段,婴儿开始对熟悉的人和陌生的人产生不同的反应。他们会对经常照顾自己的人表现出亲近和依赖,而对陌生人则可能表现出警惕或不安,这种现象也称为"陌生人焦虑"。当然,除了人以外,婴儿对陌生环境也会表现出警惕和不安。这种认生现象说明婴儿已经能够记住并区分不同的人脸、声音和环境,进一步证明了他们记忆能力的发展。

3. 空间记忆能力增强

这一时期的婴儿在记忆物体位置方面有了显著的提高。如和婴儿做"藏猫儿"游戏时,你藏起来,不见了,他还用眼睛到处寻找。这说明婴儿获得了客体永久性。也就是说,他们开始能够记住玩具或其他物品放置的位置,并在需要时能够主动去寻找这些物品。这种寻找物体能力的增强,不仅反映了婴儿空间记忆的发展,也体现了他们问题解决能力的初步形成。

4. 延迟模仿动作增多

在这个阶段,婴儿开始大量模仿周围人的动作和表情。他们可能会模仿家长的挥手、拍手或做出一些简单的面部表情,这些模仿可能是即时的,也有可能是延迟一段时间之后才表现出来,这说明婴儿已经记住这些动作和表情。这些模仿行为不仅有助于婴儿学习新的技能和动作,也促进了他们记忆能力的发展。通过模仿,婴儿能够更好地理解和记住周围人的行为模式,从而丰富他们的认知经验。

5. 记忆与语言能力的初步联系

虽然婴儿在6~12个月时语言能力有限,但他们的记忆已经开始与语言能力产生初步的联系。婴儿可能会通过声音、语调或简单的词语来回忆和表达过去的经验。婴儿开始记住简单的词汇和声音,尤其是经常听到的词语(如自己的名字、妈妈、爸爸),并对其作出相应的反应。这种记忆与语言能力的联系为婴儿后续的言语发展奠定了基础。

二、1~2岁幼儿的记忆发展

1. 以无意记忆为主

此阶段的幼儿记忆大多是在无意识中进行的,没有明确的目的和意图,主要凭借兴趣认识并记住自己喜欢的事物。他们可能会记住一些日常活动中反复出现的事物或事件,如穿衣、刷牙等。这些关于日常活动的记忆不仅有助于幼儿形成良好的生活习惯,还有助于他们更好地适应和融入社会。

2. 语词记忆开始萌芽

随着幼儿开始说话,语词记忆也逐渐发展起来。幼儿能够记住并理解更多的词汇和简单的指令,比如"把球拿来"或"坐下"。他们开始使用简单的词语表达自己的需求或记忆中的事物,比如"妈妈""奶"或"玩具"。他们开始能够理解并记住成人话语的意思,并在需要的时候进行表达,这对于他们后续的语言学习和认知发展具有重要意义。

3. 情景记忆能力增强

幼儿在1~2岁之间,情景再认能力有了显著的提高。幼儿能够记住过去发生的事情,他们更容易记住那些直观、形象、有趣味的事物,或者与情感相关的经历,比如去公园玩或参加生日派对。他们可能会通过动作、表情或简单的语言回忆这些事件,比如指着照片说"公园"或"蛋糕"。

4. 记忆策略初步形成

虽然幼儿在1~2岁时还无法主动使用记忆策略,但在成人的引导下,他们开始能够运用一些简单的记忆方法。例如,在成人的反复示范下,幼儿可能会通过重复大人的话语来记住某些事情。这表明他们的记忆策略已经开始初步形成。

综上所述,1~2岁幼儿的记忆发展具有以无意记忆为主、语词记忆开始萌芽、情景记忆能力增强、记忆策略初步形成等特点。在了解这些特点的基础上,可以更有针对性地与幼儿进行互动和教育,以促进他们记忆能力的进一步发展。

三、2~3岁幼儿的记忆发展

1. 机械记忆开始发展

幼儿在2~3岁时,虽然对记忆的事物可能不理解,但在成人的反复教导下,他们仍然能够记住很多东西,例如无法理解涵义的古诗。这种机械记忆有利于他们掌握更多的知识,并在此基础上学会理解记忆。

2. 记忆的准确性较差

幼儿的记忆带有很大的随意性,容易遗忘。他们的记忆主要是短时记忆,对事物的印象往往停留在表面,缺乏深入的理解和记忆。因此,他们可能会将不同时间或地点发生的事情混淆在一起。

3. 具有明显的回忆能力

2~3岁幼儿表现出明显的回忆能力。他们在生活中甚至能帮助大人找出早些时候放置不见的物品。2岁的幼儿能复述或重编几个月前发生的事件。当然,幼儿能够有意识地回忆以前发生的事件,这是与幼儿言语能力的发展紧密联系着的。

4. 记忆与语言发展密切相关

在2~3岁期间,幼儿的语言能力得到了显著的发展。他们开始能够用语言来描述和表达自己所记住的事物和事件。这种语言的发展不仅有助于他们更好地理解记忆的内容,还有助于他们更好地组织和提取记忆。同时,幼儿的记忆也为他们的语言学习提供了支持。他们通过记忆词汇、语法规则以及语言中的其他元素来逐渐掌握语言技能。这种技能的掌握不仅有助于他们更好地与他人交流和沟通,还有助于他们更好地理解和认知世界。

记忆是一个比较复杂的心理过程,与幼儿其他心理活动有着各种密不可分的关系。如,记忆是在知觉基础上进行的,而知觉的发展也离不开记忆。记忆把知觉和想象、思维联结起来,使幼儿能够对知觉到的材料进行加工改造。另外,幼儿掌握语言的过程也离不开记忆。对于婴幼儿来说,记忆也是一个极其重要的心理发展过程。总体来说,0～3岁婴幼儿的记忆具有以下发展趋势:一是以无意识记为主,有意识记逐渐发展;二是记忆保持时间逐渐延长;三是记忆内容以动作、情绪、形象为主,语词记忆逐渐发展;四是出现记忆策略,记忆准确性提升。

四、促进0～3岁婴幼儿记忆发展的策略

(一)丰富婴幼儿生活环境

有了生活经历才有记忆,有的婴儿年龄很小,却因为"见多识广",能记住和讲述很多见闻。家长和教师应该为婴幼儿提供丰富多彩的生活和学习环境,有意识地给婴幼儿触摸、操作各种材料与玩具,与他们一起听音乐,多与他们讲话,给他们念儿歌、诗歌,以及多给他们讲故事,带他们走进大自然,去公园、动物园、商店,和他们一起做游戏等,这些都会在他们的耳闻目睹中留下深刻印象,能在较长时间内保持记忆。这些记忆在遇到新的事物时会引起联想,使婴幼儿更容易记住新的东西。

(二)给予婴幼儿识记任务

婴儿在3个月时,大脑皮层发育得更加成熟,能够有意识地存储并回忆一些信息。因此在婴幼儿阶段,尤其是当幼儿学会说话之后可以给婴幼儿布置一些识记任务,促进婴幼儿有意记忆的发展。在布置识记的任务时,要向他们介绍识记的具体任务,以及识记的原因,这样可以提高大脑皮层有关区域的兴奋性,形成优势兴奋中心,让他们能在针对性和目的性很强的情境中专注于要识记的材料。同时,家长和教师还需提出明确适宜的识记要求,如:"请你看清楚,这个玩具会在妈妈(老师)的哪一只手里呢?"婴幼儿完成识记任务时要及时给予肯定和赞扬,提高识记的积极性,重视强化的作用。

(三)多种感官进行训练

调动婴幼儿的眼、耳、鼻、口、手等多种感官参与记忆,其记忆的内容将更加准确持久。如让婴幼儿认识一种新水果——柚子时,家长应该让婴幼儿掂掂柚子的重量,摸摸柚子的表皮,看看剥柚子皮的过程,闻闻柚子皮的味道,观察柚子肉,并尝尝味道,还可以与橘子、橙子作比较。

(四)保证婴幼儿营养需求

0～3岁婴幼儿记忆发育可通过科学膳食营养支持,重点关注三大核心营养素:胆碱、Ω3脂肪酸和优质碳水。胆碱作为神经信号传递的关键物质,主要存在于鸡蛋黄(每日1/4个可满足70%需求)、三文鱼、南瓜子及深绿色蔬菜中,能促进海马体神经网络形成;Ω3脂肪酸(如三文鱼、亚麻籽油)通过提升脑细胞膜流动性增强突触传导效率;碳水化合物则作为大脑稳定能量源,优选低GI全麦制品(如燕麦粥)和抗性淀粉食材(如土豆泥),维持血糖平稳以利记忆编码。搭配富含抗氧化剂的水果蔬菜(如蓝莓、菠菜),可协同保护神经元免受自由基损伤。

育儿宝典

　　学习的过程,就是知识累积的过程。学的知识多了,我们就需要记忆力来维持知识的停留。记忆力不等于单纯地死记硬背,它是知识创新的基础与保证。只有拥有良好的记忆力,智力才能不断发展,知识才能不断累积。以下是六个有助于增强婴

幼儿记忆力的游戏。

1. 找物品

当着幼儿的面把 8 种不同的小物品分别藏好后,再让幼儿将这些物品一一找出来。这个游戏适合 1~3 岁的幼儿,针对年龄小的幼儿,可以适当减少小物品的数量。

2. 看橱窗

这个游戏适合带幼儿外出时进行。路过商店橱窗时,先让幼儿仔细观察一下橱窗里陈列的东西。离开以后,要求幼儿说出刚才所看到的东西。游戏适合 1~3 岁的幼儿,针对年龄小的幼儿,家长可以适当地提示。

3. 依次说出名称

把 6 样东西按先后顺序排列在桌上,与幼儿交流每一种东西的名称,确保他们能够复述。再让幼儿看上几十秒钟,然后遮挡起来要求他们凭记忆依次说出这 6 样东西的名称。这个游戏适合 2 岁左右的幼儿,年龄越小,所放东西的数量可越少。

4. 辨颜色

让幼儿闭上眼睛,说出你穿戴的衣帽鞋袜是什么颜色的。如果你闭上眼睛说出他穿戴的衣帽鞋袜的颜色,将会引起幼儿对这种游戏的更大兴趣。这个游戏适合 2 岁左右的幼儿。

5. 飞机降落

将一张面积较大的纸贴在墙上,在纸上画出一大块地方作为"飞机场"。再用纸制作一架"飞机",写上幼儿的名字,上面粘贴黏性贴纸。让幼儿站在离地图几步或十几步远的地方,先叫他观察一下地形,然后,蒙上眼睛,让他走近地图,尝试将"飞机"降落,粘贴在"飞机场"上。这个游戏适合 2~3 岁左右的幼儿。

6. 看图说话

把 5 张不同内容的图片,放在桌上,让幼儿看一会儿,然后盖上。要求幼儿把所看到的图片内容尽可能准确地叙述一遍。这个游戏适合 3 岁左右的幼儿。

任务思考

1. 简述 0~3 岁婴幼儿记忆发生与发展的主要过程。
2. 找一找还有哪些促进婴幼儿记忆发展的方法。
3. 尝试实施一个促进婴幼儿记忆发展的互动游戏。

任务四　探究婴幼儿的想象发展

案例导入

1968 年,美国内华达州有一位叫伊迪丝的 3 岁小女孩告诉妈妈,她认识礼品盒上"OPEN"的第一个字母"O"。这位妈妈非常吃惊,问她怎么认识的。伊迪丝说:"薇拉小姐教的。"

　　这位母亲表扬了女儿之后,一纸诉状把薇拉小姐所在的劳拉三世幼儿园告上了法庭,理由是该幼儿园剥夺了伊迪丝的想象力,因为她的女儿在认识"O"之前,能把"O"说成苹果、太阳、足球、鸟蛋之类的圆形东西,然而自从劳拉三世幼儿园教她识读了26个字母,伊迪丝便失去了这种能力。她要求该幼儿园对这种后果负责,赔偿伊迪丝精神伤残费一万美元。

　　这个事件是不是让你感觉很惊讶?更令人惊讶的是这位妈妈居然获得了胜诉。这个诉讼事件告诉我们:对于孩子来说,想象力作为人类创新的源泉是多么的重要。那么,幼儿作为一个人类个体,究竟是什么时候开始具有想象的能力,其发展趋势如何,作为家长和教师又该如何培养幼儿的想象力呢?

　　在该任务中,你需要了解幼儿想象的发生与发展内容,理解幼儿想象发展的特点,掌握启蒙幼儿想象能力的方法。能够分析、评价不同年龄阶段婴幼儿的想象力发展水平,并提出适宜的促进幼儿想象力发展的策略。

　　想象是对大脑中已有的表象进行加工改造从而建立新形象的心理过程。所谓表象是指当事物不在眼前时,能在大脑中形成对该事物的稳定形象。但想象不同于表象,它是更加高级的心理过程。显然,想象要借助于大脑中已有的表象,对这些表象进行重新加工,形成新的形象。比如,幼儿在生活中从来没有见过马或骑过马,但是在游戏时常常会骑在椅子或者竹竿上,假装自己在骑马。这是因为他们或许在电视里或是在绘本里看到过马,借助这些,他们在大脑中形成了关于马的生动形象。所以说,想象的基础是来源于现实生活的。想象同其他心理活动与过程一样,是对客观现实的主观反映。

　　想象在婴幼儿心理发展中处于重要地位,它与婴幼儿记忆的发展、语言的发展和思维的发展等关系密切。在部分游戏和涂涂画画等活动中婴幼儿都需借助想象才能进行。

一、1~2岁幼儿的想象发展

　　想象的发生和婴幼儿大脑皮质的成熟有关,也和表象的发生、表象数量的积累以及言语的发生发展有关。而这些,婴儿出生时还不具备,所以个体的想象力发生时间较晚。1岁半到2岁时,幼儿大脑神经系统的发展趋于成熟,他们在大脑中可能存储较多的信息材料,其排列组合的可能性也就更多,同时也形成了具有一定稳定性的记忆表象,这时幼儿出现想象的萌芽。

(一)想象的类别

　　想象是对现实的一种反映,根据想象有无目的性,通常可以分为无意想象和有意想象。有意想象又包括再造想象和创造想象。无意想象是指无特定目的的、不自觉地想象。例如,幼儿在看到天空中大朵的白云时指出那是"棉花糖",听妈妈讲故事时提到小猪,便联想到"小猪佩奇"。梦是一种漫无目的、不由自主的奇异想象,它是无意想象最极端的例子。

　　有意想象是指有一定目的、自觉进行的想象。例如建筑师设计楼房,科学家从事创造发明等。他们根据一定的目的和任务进行想象,这些想象都是有意想象。根据想象内容形成方式的不同,有意想象又包括再造想象和创造想象。再造想象是根据一定的图形、图表、符号,或者是语言文字的描述说明,在大脑中形成关于某种事物的形象的过程。例如,幼儿在听《龟兔赛跑》的故事时,似乎看见了灵活而骄傲的小兔子和沉稳而踏实的乌龟赛跑的情景,这就是再造想象。而创造想象是创造新形象的过程,创造想象的内容不仅新颖还具有开创性。如科学家开创新理论,发明家创造发明物,这些都是创造想象。显然创造想象比再造想象更复杂。

(二) 想象的特点

1. 想象初步萌芽,具有动作性和情境性

1~2岁幼儿正处于想象的萌芽阶段,他们的想象活动开始逐渐显现,但还非常初级和简单。这一时期的想象往往与幼儿的感知觉、动作和语言发展紧密相关,是他们对周围世界初步认知和理解的一种反映。所以,幼儿最初的想象主要是通过动作和语言表现出来的。比如,1岁半时,幼儿可能了解盒子的用处,他也许会将一些小玩意儿塞到盒子里,把盒子用作他收藏形形色色宝贝的仓库。2岁时,幼儿的想象力已经长出了翅膀,他会发现盒子的很多新用途,例如把盒子作为帽子戴到头上。

2. 想象与记忆交织,内容简单而直接

幼儿的想象与记忆之间的界限相对模糊。他们可能会将之前见过或经历过的事物与当前的想象内容混淆在一起,形成一些新的、独特的想象。幼儿最初出现的想象,可以说是记忆材料的简单迁移,加工改造的成分极少。比如,一个2岁左右的幼儿正在吃饼干。忽然,他停止咀嚼,对着手中被他咬了一口的圆饼干看了片刻,然后把它高高举起来,并高兴地喊着:"妈妈!看!月亮!"这种想象是一种简单的相似联想:由被咬掉一口的月牙状饼干联想起大脑中贮存的关于月亮的形象。

幼儿还有一种想象被称为记忆表象在新情境下的复活。比如,一个1岁8个月的幼儿,左手抱着布娃娃,右手拿着自己吃奶的奶瓶(里面是空的)往娃娃嘴里塞,同时一边发出吮吸声,一边说"宝宝,真好喝啊!"从这一系列动作的性质看,我们可以把它称为初期的假想游戏,而从其心理机能上,则是原始的想象。幼儿把妈妈喂自己喝奶的记忆迁移到游戏当中,想象着自己成为妈妈,娃娃成了自己。

二、2~3岁幼儿的想象发展

(一) 想象的特点

1. 以无意想象为主

2~3岁幼儿的想象以无意想象为主,其想象的无意性具体表现在下面两方面。

第一,想象的目的性不明确,易受外界干扰而变化。婴幼儿的想象往往是在外界事物的直接影响下产生的,没有预定目的。在活动之前,他们不能设想自己将要创造什么形象,只是在行动中无意识地摆弄着物体,改变着物体的形状。当幼儿感知到这种实际的变化时,才引起大脑中有关表象的活跃。这种想象,严格说起来,只是一种联想,是由感知到的新形状,联想起有关事物的形象。例如,在插积塑片之前,妈妈问自己2岁半的孩子:"告诉妈妈,你想插什么啊?"孩子说不出来,只是拿着插板插来插去。插出一个半圆后,自己看了看,还说不出是什么。偶尔拿着它转动一下,孩子突然高兴地喊起来:"彩虹,妈妈看,我插了个漂亮的彩虹!"这个孩子插积塑的过程,明显地反映了无意想象的特点。

第二,常常以想象的过程为满足,且想象过程受兴趣和情绪的影响。幼儿在画画的过程中,通常并没有固定想画的内容。他们拿起各种颜色的画笔,直到把整个画面填满为止。画出的形象也非常零散、杂乱。例如,画了个圆圈做"太阳",画了朵小花,又画了很多线条。虽然想象的进程和形象是如此凌乱,没有主题,说不上有什么内在联系,在成人看来毫无意义,但婴幼儿自己却感到津津有味。因为他们并不追求画出什么东西,而是为画而画,对画的过程非常感

兴趣。在听故事的时候也是一样,他们可能对"小兔乖乖""拔萝卜"等故事百听不厌,因为他们对这些故事中的形象比较熟悉,可以一边听,一边进行想象。生动的形象在大脑中像图画似的不断呈现,婴幼儿感到极大的满足。

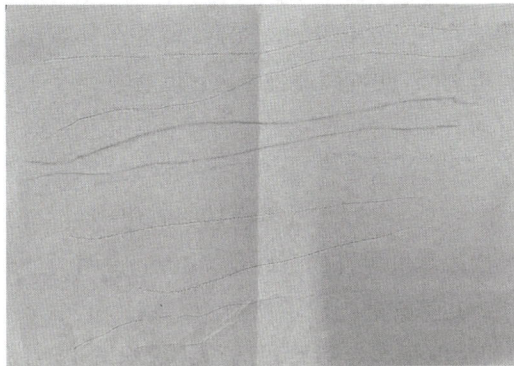

图3-4-1　3岁幼儿画的"彩虹"

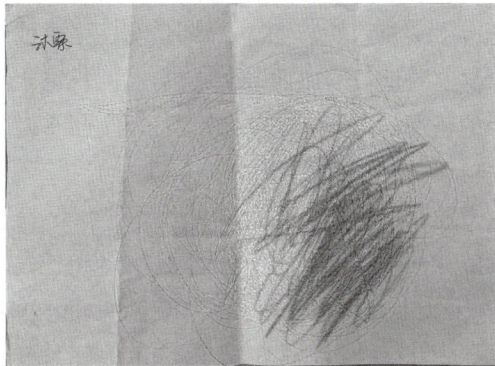

图3-4-2　3岁幼儿画的"龙卷风"

2. 有意想象开始发展

2～3岁幼儿的想象以无意想象为主,但随着年龄增长和认知能力的提升,他们开始出现有意想象的萌芽。在玩"娃娃家"的游戏当中,幼儿如果充当妈妈的角色,她就会坚持穿妈妈的衣服,抱着一个布娃娃,模仿妈妈在日常生活中的行为。如喂布娃娃吃东西,装作给她洗衣服,哄她睡觉等。这说明幼儿在一些简单的游戏当中,能够有意识地围绕一个游戏主题进行想象。

幼儿的想象最初是对日常生活的简单模仿(如模仿妈妈做饭),但随着经验的积累和思维的发展,他们开始尝试将不同元素组合在一起,表现出初步的创造性。幼儿可能会将不同的物品组合在一起,创造出新的玩法或故事。(如将积木和玩具车组合成一个新的"交通工具")

3. 想象与认知、语言发展密切相关

婴幼儿想象中的形象多是记忆表象的简单加工,缺乏新异性。幼儿的想象常常是在外界刺激的直接影响下产生的。他们常常不无目的地摆弄物体,改变着它的形状,当改变了的形状正巧比较符合幼儿大脑中的某种表象时,幼儿才能把它想象成某种物体。由于这种想象的形象与大脑中保存的有关事物的"原型"形象相差不多,所以很难具有新颖性、独特性。

幼儿的想象常常依赖于成人的言语描述,或根据外界情境而变化。成人的语言提示使有关表象活跃起来。因为想象进行的不是知觉水平的概括,而是表象水平的概括,成人语言提示促进幼儿表象水平的概括。同时,想象是在问题情境中产生的,成人的语言可以使幼儿产生问题,产生想象的需要和动机,激发幼儿搜索表象,选择可用的表象或素材,组成新的形象,如幼儿一直问"这是什么""这像什么",即幼儿已经进入想象的状态。成人的语言提示也会使想象的内容更丰富多彩,促使幼儿想象从单纯命名发展到具有简单的情节。如幼儿搭建一辆汽车,家长问:"你是怎么开汽车的?"幼儿则会开启思维,进入开汽车的想象情节。如果父母或教师不提示,幼儿常常不能独立地展开想象,进行游戏。但一般来说,幼儿的想象在游戏中还是比较容易展开的,因为游戏有玩具,玩具的具体形象可以起到引发婴幼儿想象的作用。

4. 想象具有夸张性与不真实性

幼儿想象常常脱离现实,主要表现为想象具有夸张性。幼儿非常喜欢听童话故事,因为童话故事中有许多夸张的成分,那些和天一样高的巨人,像拇指一样矮的小人,简直能把幼儿迷

得不得了。幼儿自己讲述事情,也喜欢用夸张的说法:"我的玩具奥特曼比你的大多了,只不过没有带来!"至于这些说法是否符合实际,他们是不太关心的。

幼儿想象的夸张性是其心理发展特点的一种反映。首先,由于认知水平尚处在感性认识占优势的阶段,所以往往抓不住事物的本质。其次,是情绪对想象过程的影响。3岁左右的幼儿有一个显著的心理特点,即情绪性强。他感兴趣的东西、希望得到的东西,往往在其意识中占据主要地位。比如,他希望自己的爸爸比别人的爸爸强,就拼命地去夸大:"我爸爸是个了不起的爸爸,和超人一样勇敢!"甚至自己有时也信以为真。

5. 有时会混淆想象与真实

幼儿常常把想象的事情当作真实的。比如幼儿去过一次海洋世界之后一直很想再去,并希望和他一起游戏的姐姐也一起去,于是告诉姐姐:"海洋世界真的很好玩,我妈妈说明天还要去(事实上是他自己想去),你要和我们一起去吗?"幼儿把想象当成了现实。

为什么会出现想象与现实相混淆的情况呢?这是由于本年龄阶段的幼儿认识水平不高,有时把想象表象和记忆表象混淆了。有些是幼儿渴望的事情,经反复想象在大脑中留下了深刻的印象,以至于变成似乎是记忆中的事情。有些则是由于幼儿知识经验不足,对假想的事情信以为真。当然,这种假想有时候也会为他们带来一些麻烦,他们可能会被伙伴或者成人误以为在"撒谎"。

总之,3岁前幼儿的想象还处于初始阶段,虽然可以想象出自己不熟悉的或者未曾经历过的,但都是现实生活中有的,他们无法想象出现实生活中没有的事物和形象。

(二) 想象的作用

3岁前是想象萌芽的时期,想象力能否得到有效的发展,对幼儿认知、情绪、游戏、学习活动起着十分重要的作用。

1. 想象与婴幼儿的认知活动

想象与幼儿的感知觉紧密相连。幼儿的想象并不是凭空产生的,要用大脑中已有的表象作为原材料,才可能进行。而幼儿大脑中已有的表象又是从哪里来的呢?它是过去感知过的事物在大脑中留下的具体形象。幼儿把"O"想象成太阳、苹果、饼干,那是因为他曾经看到了太阳、苹果和饼干的形状,才能够把"O"和这些物体相联系。所以幼儿大脑中存储的表象越多,他的想象力也越丰富。

想象与幼儿的记忆互为前提。一方面,想象依靠记忆。幼儿想象时所依靠的原有表象,是过去感知的事物依靠记忆在大脑中保持下来的形象。如果没有记忆,即便幼儿看见过人骑马,但没有保持住人骑马的具体形象,即表象,幼儿同样不会产生在天上骑马的想象。另一方面,想象的发展有利于记忆活动的顺利进行。幼儿的识记、保持、回忆等记忆活动,都离不开想象。幼儿的想象越丰富、水平越高,越有利于幼儿对识记材料的理解、加工,也就越有利于幼儿对识记材料的保持和回忆。

2. 想象与婴幼儿的情绪活动

幼儿的情绪情感常常和想象的内容密切相关,这种想象又称情感性想象。比如,3岁的霖霖一个人在家,刚开始的时候大声地哭着找妈妈,并且尝试拿钥匙从里面开门,但是发现没有人回应他,而且也打不开门之后,他就一个人边走向沙发边说:"妈妈一定出去工作了,她会给我买很多好吃的,然后就回来了,我先去玩一会儿。"明明一个人在玩,却口中念念有词:"宝宝别藏了,我已经看见你了!快过来看我画的画!⋯⋯你真的喜欢吗?我再画一张给你好不好?"前例中的想象有一种"自我安慰"的作用,后例则是一种特殊的游戏——假想的角色游戏,它们尽管表现形式不同,但在执行着一个共同的功能——满足婴幼儿的情感需要。

3. 想象与婴幼儿的游戏活动

当幼儿的游戏中出现想象,则表明其游戏水平具有重大的飞跃。这一能力最典型的外显形式便是假装游戏的出现,其本质是通过"以物代物"实现现实与想象的创造性联结。两岁幼儿可以把一串积木当火车,把竹竿当大马,把积木当成饼干。这些看似简单的替代行为实则蕴含着复杂的认知操作:首先需要识别客体的物理属性(如积木的长条形状),继而建立跨类别关联(将长条形状与火车车厢建立类比),最终通过动作和语言赋予替代物新的意义。这种能力不仅促进了抽象思维萌芽,更为后续概念形成和语言发展奠定基础。

4. 想象与婴幼儿的学习活动

想象是幼儿学习新知识所必需的认知基础。没有想象,就没有理解,而没有理解,就无法学习、掌握新知识。例如,幼儿在听童谣《一园青菜成了精》时,可以借助生活中常见的蔬菜形象,在脑中把蔬菜拟人化,并想象蔬菜之间战争的画面,进而理解作者在童谣中蕴藏的蔬菜的特性,感受童谣的智慧与幽默。正是想象活动,使幼儿的学习活动更加深入。

三、促进 1～3 岁幼儿想象发展的策略

(一) 丰富婴幼儿的生活经验

想象是在幼儿大量的生活经验基础上积累起来的。当别人说"苹果",你的大脑中会浮现出一个"苹果"的具体形象,这个形象就是表象。正是依靠表象的积累,幼儿的想象才逐渐发展起来。我们帮助幼儿积累生活经验,正是帮助幼儿在大脑中建立表象,表象积累得越多,就越容易将相关的表象联系起来,这也就是想象发展的过程。

在日常生活中,家长与教师经常要带幼儿走向大自然,与社会接触,让幼儿有机会丰富生活经验,在大脑中留下更多的表象,为想象的发展打下基础。

(二) 创设想象的情境

在日常的故事阅读中采用"停顿-连接-延伸"策略,例如,在共读《好饿的毛毛虫》时,可于毛毛虫"吃了好多东西,肚子好疼"处停顿,提问:"你觉得毛毛虫接下来会变成什么?"(等待 10 秒观察反应)。若幼儿指向书中茧的图片,可连接经验:"就像你种的草莓苗,刚开始是小叶子,后来开出小白花,最后结出红草莓——毛毛虫也会经历大变化哦!"当幼儿联想到"红色"时,延伸想象:"它变成的蝴蝶会有草莓颜色的翅膀吗? 飞的时候会带着水果香味吗?"后续可观察蝴蝶翅膀图案,引导幼儿用草莓斑点装饰手工蝴蝶,将叙事延伸至艺术表达。此策略通过制造认知悬念(停顿)、激活类比思维(连接)、拓展想象边界(延伸),帮助幼儿在经验迁移中构建因果逻辑与创造性联想能力。

(三) 营造宽松的心理氛围

首先,要接纳幼儿的幻想性表达,当幼儿混淆想象与现实时(如"我的玩具熊会飞"),避免使用"瞎说"等否定性语言挫伤表达意愿;其次,通过提问促进思维外显化,以"你觉得魔法熊的翅膀是什么颜色?"等开放性提问帮助其梳理经验脉络;最后,在肯定创意的基础上引入可验证的经验参照帮助幼儿建立想象边界,如"我们上次在公园看到的蝴蝶翅膀是什么颜色?"。这种支持性互动不仅能提升语言组织能力,更能通过构建心理安全感,为抽象思维发展奠定重要基础。

（四）借助多样的激发途径

音乐与美术活动是促进幼儿想象发展的重要方法。教师与家长应鼓励幼儿随心所欲地画画，并及时给予指导，支持幼儿勇于尝试放飞想象的翅膀。这样不但能激发幼儿的兴趣，充分调动幼儿画画的积极性，而且能丰富他们的想象。也可以引导幼儿根据音乐编动作，通过语言表达对音乐的理解，使幼儿产生相应的想象。

育儿宝典

借助创意阅读教育　发展幼儿的想象力①

创意阅读的理念，包括两个层面的含义：一方面，是指提供给幼儿阅读的内容本身具有很强的创意，借由书籍的创意来激发幼童阅读的兴趣，让他们在阅读中发现和感悟作者的创意，获得阅读的快乐并产生持续的动力；另一方面，尽可能让幼儿的阅读过程充满创意，将一般的读书学习变成富有创造意义的活动过程，引导幼儿在阅读学习中充分想象和创造。创意阅读对幼儿的学习价值在于，在创意的阅读中学会阅读、学会想象、学会创造。

选择具有创意的书籍来让幼儿创意阅读，建议考虑以下3点。

1. 创意的形象内容

优秀的图画书内容应当具有非常丰富的创意，用幼儿的眼睛去看，用婴幼儿的耳朵去听，用幼儿的心去想。《好神奇的小石头》那本书，便捕捉到了生活中许多贴近幼儿经验的形象。如果我们能够理解幼儿，我们会知道，这些书中的小动物正是每一个孩子童年的好奇心所在，也是孩子很希望了解和特别喜爱的形象。

2. 创意的哲理情思

有的时候，成人对幼儿的认知和情感很容易出现误解，总是觉得要专门说明或者隆重煽情才能教育幼儿。但是，好的图画书总是在貌似简单的图画故事中暗藏着生活的哲理和世间的深情。让幼儿看了又看，看到了生活中的不同动物，感受到动物与动物、动物与人之间的亲密关系。《拼拼凑凑的变色龙》给了孩子羡慕别人、模仿别人，最后还是理解自己、做回自己的经历。希望我们的教师与家长可以选择那些创意盎然的图画书，用温暖和爱来塑造婴幼儿的童年。

3. 创意的艺术表现

艺术创意的独特性，往往会使一本内容简单的图画书具有鲜明的特点，同时也使之更加符合创意阅读的需要。各种奇特的游戏书，会给幼儿留下深刻、好玩的印象。触摸书《农场》可以让幼儿对各种动物印象至深，嗅觉书《森林》可以让幼儿仿佛走进真实的大树世界；看过《花儿开了》的幼儿，一定不会忘记书中那些可以打开的特别折页。幼儿与书的互动和游戏能够激发幼儿的创意阅读兴趣，并且在创意阅读中锻炼自己的创造力。

如何尽可能让幼儿的阅读过程充满创意，将一般的读书学习变成富有创造意义的活动过程？

---

① 周兢.零岁起步——0~3岁婴幼儿早期阅读与指导[M].深圳:海天出版社,2016.

1. 引导幼儿反思

我们可以在反复出现的故事画面阅读中引导婴幼儿反思。例如,好饿的毛毛虫星期一吃了什么?几个?什么颜色?星期二又吃了什么?几个?什么颜色?星期三呢?星期四呢?

2. 引导幼儿思考发问

我们可以围绕故事情节与故事画面,引导幼儿思考发问,例如,变色龙为什么自己会变色?变色龙为什么要变成别人?变色龙变成了别人为什么不高兴?

3. 引导幼儿展开猜想

我们还可以在幼儿阅读时引导婴幼儿展开猜想,如:安静的蟋蟀遇到了蝗虫、螳螂等,经历了一系列不同的打招呼,之后它可能遇到谁?怎样跟它打招呼?小蟋蟀怎么样了呢?

任务思考

1. 简述2～3岁幼儿想象发展的特点。

2. 找一找还有哪些促进幼儿想象发展的策略。

3. 简述2～3岁幼儿无意想象的主要表现。

任务五　探究婴幼儿的思维发展

案例导入

随着年龄的增长,婴幼儿对所处的环境、所见的人与物愈发好奇。晨晨2岁了,妈妈发现晨晨最近有点不好说话了。例如,妈妈催促晨晨去刷牙睡觉,晨晨就会问"为什么要刷牙?"妈妈说自己一会要上班,让晨晨在家乖乖听奶奶的话,晨晨就会问"妈妈你为什么要上班?"妈妈骑着电动车带晨晨去公园,晨晨又会问"妈妈你为什么不开大车?"除此以外,晨晨在看到一些不认识的东西时,也经常会问妈妈"这是什么?"妈妈有的时候能够耐心解答,有的时候也会有点不耐烦。

在生活中,你有见过类似的情况吗?为什么婴幼儿会有那么多"是什么?""为什么?"他在进行思考吗?作为教师、家长,我们该如何看待婴幼儿的这一发展现象,又该怎么做?

在该任务中,你需要了解婴幼儿思维的发生与发展内容,理解婴幼儿思维发展的特点,掌握启蒙婴幼儿思维能力的方法。能够分析、评价不同年龄阶段婴幼儿的思维发展水平,并提出适宜的促进婴幼儿思维发展的策略。

思维是大脑对客观事物的概括的、间接地反映。典型的人类思维是以语言为工具的抽象逻辑思维。婴幼儿对世界的认识是通过感知觉,从生动的直观感知到建立抽象的思维必然要经历若干发展的阶段。某些阶段尽管还不能称为完全意义上的思维(抽象逻辑思维),但它们毕竟已不同程度地具备了思维的最重要的品质——对现实概括的、间接地反映,所以从这个意义上,我们完全可以把这些婴幼儿的思维发展置于一个广义的思维范畴之内,而称其为"直觉行动思维""具体形象思维"等,3 岁之前,婴幼儿的思维形式以直觉行动思维为主。

视频

思维类型的
特点

一、0～1 岁婴儿的思维发展

0～1 岁是婴儿思维发展的准备期,也是直觉行动思维的萌芽期。在这一阶段,婴儿从最初依靠本能反射生存,逐渐发展出感知运动能力,开始主动探索周围世界。这一阶段的思维发展特点可以概括为以下 3 点。

1. 从本能反射到主动探索

出生时,新生儿主要依赖无条件反射(如吸吮、抓握)生存,表现为刻板化的生理反应。2 个月后,婴儿出现初级目的性行为(如注视灯光后主动转头追视),标志思维萌芽。一般来说,婴儿 4 个月前的动作都是无目的性的。4 个月之后婴儿能通过重复动作验证偶然发现的因果联系(如踢动床铃)。

2. 感知觉进一步发展

婴儿的感知觉发展、知觉恒常性和客体永久性的出现,为形成初级思维创造了积极的条件。0～1 岁的婴儿通过触摸、品尝、嗅闻、倾听和观察等方式,发展起了丰富的感觉和知觉能力。这些感觉的综合使得婴儿开始产生表象,并在语言的参与下,出现萌芽状态的思维现象。其中,1 个月至 4 个月是感觉迅速发展并分化的时期,触觉、嗅觉、味觉、视觉、听觉相继发展起来。从 5 个月至 9 个月是知觉和知觉恒常性发展的阶段。从 8 个月至 1 岁,婴儿开始认识客体的永久性。

3. 因果关系初步发展

4～5 个月的婴儿会逐渐了解一个重要的概念:因果关系。比如,他们拍到玩具琴的琴键时,会听到音乐响起来;当他们晃动摇铃时,摇铃也会发出声音。在反复这样做几次之后,他们就会逐渐明白自己的某项行为会引起一个结果。

二、1～2 岁幼儿的思维发展

1～2 岁是幼儿思维发生的时期。幼儿最初对客观事物的概括和间接反映是依靠动作实现的,最初解决问题的方案也是用动作"设计"成的。1 岁左右,婴儿手的动作开始出现了新的功能——运用工具和表达意愿。这两种功能的出现为思维的产生提供了直接前提。

在表意性动作和工具性动作发展的基础上,1.5～2 岁的幼儿开始能够用"试错"的方法寻找解决问题的手段。这类解决问题的智慧性动作的出现,标志着个体思维的发生。1～2 岁幼儿的思维发展特点可以概括为以下 4 点。

1. 直觉行动思维出现

直觉行动思维,也称直观行动思维,指依靠对事物的感知,依靠人的动作来进行的思维。1～2 岁的幼儿在解决问题时,主要依赖直觉和动作。他们的思维与动作紧密相连,动作是他们思维的主要工具。例如,当幼儿想要拿取高处的物品时,他们可能会尝试攀爬或寻找工具来帮助自己达到目的。这个阶段的幼儿表现出能够熟练地爬行、站立、行走,探索空间的能力大大增强;开始使用工具来解决问题,例如用勺子吃饭、用积木搭高塔。

2. 语言与思维初步结合

随着语言能力的快速发展,幼儿开始能够用简单的词汇和句子来表达自己的想法和需求。同时,他们也开始能够理解他人的语言和指令,并据此进行思考和行动。这种语言与思维的结合为幼儿进一步认知世界提供了重要工具。思维也可脱离具体的物体而存在,但这一阶段依旧以直觉行动思维为主。

3. 思维概括性在提升

1～2 岁的幼儿在思维过程中开始表现出一定的概括性。他们能够将具有共同特征的事物归为一类,并用简单的词汇来命名。例如,他们可能会将所有圆形的物体都称为"球球"。这种概括能力的提升有助于幼儿更好地理解和记忆外部世界。

4. 思维具有极大的情境性和直观性

幼儿的思维往往受到具体情境的限制,他们难以脱离当前的环境和情境来进行思考。同时,他们的思维也具有很强的直观性,主要依赖于对物体的直接感知和动作操作来理解世界。

三、2～3 岁幼儿的思维发展

2～3 岁是幼儿思维发展的关键时期,也是直觉行动思维向具体形象思维过渡的重要阶段。在这一阶段,幼儿的思维开始表现出更高的概括性和灵活性,他们开始能够运用语言来调节和控制自己的思维活动。这一阶段,幼儿的思维具有以下 4 个较为明显的特点。

1. 直觉行动思维占据主导地位

2～3 岁的幼儿仍然主要通过直接的动作和感知来认识世界。他们的思维与动作紧密相连,离开感知的对象,脱离实际的行动,思维就会随之中止或者转移。如幼儿离开玩具就不会游戏,玩具一变,游戏马上中止,这些现象都是这种思维特点的表现。

2. 具体形象思维初步萌芽

虽然直觉行动思维在这一阶段占主导地位,但具体形象思维的萌芽已经开始出现。幼儿开始能够凭借事物的具体形象或表象来进行思维。他们能够通过回忆和想象来重现过去的经验,对熟悉的事物能够形成一定的认知和理解。例如,幼儿可能会根据玩具的形状、颜色等特征来识别不同的玩具。这种具体形象思维为幼儿后续的认知发展奠定了基础。

3. 语言对思维的调节作用逐渐增强

随着语言能力的快速发展,2～3 岁的幼儿开始能够运用语言来调节和控制自己的思维活动。他们可以通过语言表达自己的需求和愿望,也能用语言来理解和解释他人的行为。

4. 思维的局限性

2～3 岁幼儿的思维往往受到具体情境的限制,他们难以脱离当前的环境和情境来进行思考。此外,他们的思维还具有一定的局限性,往往只能关注到事物表面的、浅显的特征,而难以深入理解事物的本质和内在联系。这些局限性表现在:

（1）自我中心性

这一阶段的幼儿往往以自我为中心,认为世界是围绕着自己运转的。他们难以理解和接受他人的观点和想法,也缺乏分享和合作的意识。

"捉迷藏"游戏中的自我中心现象

著名早期教育学家皮亚杰认为:婴幼儿心理活动的一个特点就是存在显著的"自我中心"现象。他认为,婴幼儿时期思维从"我向思维"逐步向"现实性思维"转化,从"自我中心"向"社会化思维"转化,这一过程称作"去自我中心"。

婴幼儿到了 1.5 岁以后,已经能够分清主客体,有了自我意识。但他们还是不能从他人的角度去思考和看待事物。

在"捉迷藏"这个游戏里,我们能清晰地看到婴幼儿这一心理特点的发展过程。0～3岁婴幼儿在捉迷藏的游戏中的表现主要有以下5点。

① 婴幼儿不会藏,好像没有理解游戏规则。

② 婴幼儿自己会藏,但还没等去找,他就自己跑出来了。

③ 婴幼儿自己会藏,但不会藏住整个身体,只是把头藏进去。

④ 婴幼儿藏得很好,但无论玩几次,他总是藏在同一个地方。

⑤ 婴幼儿藏得很好,而且还会变换不同的藏匿地点。

如果某个婴幼儿的表现和①、②或③婴幼儿相似。这不是婴幼儿智力有问题,可能是因为婴幼儿年龄太小,他还不能很好地理解游戏规则。而且太小的婴幼儿还处于"自我中心"的初级阶段,他在认识外界事物或理解游戏规则等很多方面都存在倾向性,还不能站在别人的立场上看待问题。随着婴幼儿的成长,他会逐渐提高对自我和客体之间关系的理解。

如果某个婴幼儿的表现和④或⑤中的婴幼儿相似,这说明婴幼儿已经具有了"去自我中心"的心理发展。这个阶段的婴幼儿开始变得"多愁善感",他会因听到其他小朋友找不到妈妈而着急,会因看到小狗被主人"教训"而伤心;当你告诉他要像"××一样勇敢"的时候,他真的会停止哭泣,乖乖让医生给他打针。从婴幼儿会玩"捉迷藏"开始,"偶像"和"榜样"会对婴幼儿显现作用,在这一时期,对婴幼儿的教育尤需注重方法与方式,积极为婴幼儿树立正确的榜样,培养婴幼儿自我评价与自我约束的能力。

（2）不可逆性

此阶段幼儿的思维还缺乏可逆性,他们难以理解事物的变化过程,例如将水从矮杯倒入高杯,他们会认为高杯中的水更多。也就是说,他们可能无法理解一个物体即使形状发生了变化,其数量或本质属性仍然保持不变。这种思维的不可逆性和缺乏守恒概念是幼儿在认知发展过程中的一个常见现象。

（3）泛灵论

此阶段幼儿常常将无生命的物体赋予生命和情感,例如,认为玩具娃娃会疼、会饿。

关键思维能力

根据皮亚杰的认知发展理论,儿童思维的发展可划分为四个阶段:感知运动阶段(0～2岁)、前运算阶段(2～7岁)、具体运算阶段(7～11岁)以及形式运算阶段(11岁以后)。在0～3岁婴幼儿期,思维发展主要体现在感知运动阶段和前运算阶段。

在2～3岁幼儿期,思维发展主要表现在表征能力、分类能力、概念掌握能力、问题解决能力以及推理能力等方面。

1. 表征能力

表征,或称心理表征,是信息或知识在心理活动中的呈现与记录方式,涉及使用语词、艺术形式或其他物体作为某一对象的替代物。例如,"气球"这一词语代表了现实世界中的气球,是气球这一实体的表征。表征既反映事物,代表事物,又是心理活动进一步加工的对象。幼儿能够在心理上表征客体和事件,这是其思维发展的重要成就之一。例如,2岁的幼儿能够正确指出全家福中某张脸是爸爸,或者看到图画上的苹果,便向妈妈索要苹果。

皮亚杰指出,约3岁的幼儿能够像成人一样理解图画所传达的意图。即便图画与真实物体在知觉上并不相似,幼儿仍倾向于将图画解释为图画所意图表达的内容。例如,当幼儿明白一幅图画上的椭圆代表小鸡,而实验者将其称为鸡蛋时,幼儿会积极纠正,尽管椭圆更接近鸡蛋的形状。这表明幼儿认识到表征不仅关乎真实物体与表征物之间的物理相似性,还涉及交流的意图。

然而,2~3岁幼儿的表征能力仍存在缺陷。当表征代表某物体但不等同于真实物体时,幼儿的理解可能会出现混乱。例如,在一次对话中,一位父亲向他3岁的儿子指出家里的书上有某幅画,幼儿回答说他不需要看画,因为他已经知道画的内容。当父亲指出画是真实的时,幼儿困惑地回应说画是一幅画,与书上的画一模一样。这表明幼儿尚未能理解表征与真实物体之间的差异。

德洛齐(1987)的研究发现,3岁以内的幼儿在理解模型与其代表的实物在空间上的对应关系上存在困难,这进一步揭示了幼儿表征能力的局限性。

2. 分类能力

分类能力涉及根据某一特征将物体组织起来,使人们能够对组织起来的物体做出整体反应,而非对单个物体做出反应。幼儿的分类能力主要表现为习性分类或随机分类,这是大多数2岁幼儿和部分3岁幼儿的典型表现。此时,幼儿通常成对组织物体,既不能提供分类的理由,也不能指出物体的具体特征。例如,幼儿可能会将一只狗和一只苹果归为一类,当被问及原因时,幼儿可能会回答因为狗会叫,而苹果可以吃,或者仅仅是因为喜欢狗和苹果。后一种回答表明幼儿在此阶段仅根据个人喜好进行分类。

一些幼儿也能根据知觉特征进行分类。例如,桌子和椅子因都有四条腿而被归为一类;大象和卡车因体积庞大而被归为一类;青蛙和树因颜色相同而被归为一类。基于知觉的分类主要在3岁和4岁的幼儿中发现,但也能在一些年龄更大的幼儿中观察到。

3. 概念掌握的能力

分类是将物体集中起来,而概念则是确定物体之间的关系。概念对于思维至关重要。格尔曼(1999)认为,概念是我们认识世界的理论。概念帮助幼儿超越事物表面的相似性,理解更深层的相似性。例如,当告诉3岁的幼儿一些他们之前不知道的事实时,他们会将这些信息推广到整个类别,而不仅仅是外表相似的物体。

幼儿最初掌握的通常是具体的实物概念。幼儿掌握哪些实物概念与他们接触这些实物的频率有关。幼儿可能先掌握猫、狗等具体概念,然后掌握动物等更抽象的概念;也可能先掌握花等较抽象的概念,然后掌握桃花、菊花、荷花等更具体的概念。基尔(1979)认为,幼儿概念的发展经历了从强调特征到强调限定性的转变。例如,幼儿最初可能认为叔叔是送礼物的人,后来认识到叔叔是爸爸的弟弟。然而,这种转变并不完全,概念的发展依赖于具体知识内容的发展。

总体而言,幼儿概念的内容相对贫乏,多是物体非本质的外部属性,以实物概念为主,抽象概念较少,概念内涵也不够精确。幼儿概念的范围有时过于宽泛,如认为桌子、椅子、萝卜都是可使用的物体;有时又过于狭窄,如认为只有小孩才能被称为儿子。

4. 问题解决能力

幼儿在 2~3 岁期间的问题解决能力有显著提升。Bullock 等人在 1988 年进行的实验中,要求 15~35 个月的幼儿搭建积木以模仿成人的积木房子。平均年龄 17 个月的幼儿没有明显的目标导向行为,仅在玩积木;大多数 2 岁的幼儿能够确认目标并建造房子,这些幼儿也能根据建造结果评价自己的作品,85％的 2 岁幼儿至少需要重试一次才能完成任务。显然,幼儿问题解决能力的发展依赖于其短时记忆的容量,解决问题需要幼儿记住目标,有时是几个子目标,也需要记住达成目标的方法,并选择一个或几个方法以监控问题解决过程。

幼儿思维策略的运用通常受限于具体任务情境,而不能普遍地应用于问题解决。例如,年幼的幼儿仅能将他们的数的知识应用于项目数较少(如 2~4 个)的集合,而年长的幼儿则能将其应用于更大的集合。幼儿思维策略的发展也体现在幼儿最初在不适当的情境中使用某种策略,随后则能在适当的情境中使用这种策略。

5. 推理能力

推理是问题解决的一种特殊形式。幼儿最初能够掌握的是类比推理。2~3 岁幼儿的类比推理能力处于发展的初期阶段,他们开始能够理解事物之间的简单关系,并进行初步的类比推理,但这种能力仍然有限。此阶段幼儿的类比推理主要依赖于事物的表面特征,如颜色、形状、大小等。他们能够将具有相似感知特征的事物进行类比,如将红色的苹果和红色的球进行类比。他们也能够理解一些简单的因果关系、功能关系等,如知道钥匙可以开门、画笔可以画画,并能够将这些关系应用到相似的情境中。或者将日常生活中积累的经验迁移到新的情境中,如知道在幼儿园要排队、在超市要付钱。

四、促进 0~3 岁婴幼儿思维发展的策略

(一) 引导婴幼儿在日常生活中观察和探索

思维是在感知觉的基础上产生和发展起来的,因此,充分调动婴幼儿的各种感官,引导他们主动、积极地观察和认识周围的世界,是培养思维能力的有效手段。教师和家长可以引导婴幼儿重点观察周围事物的变化。并在观察发现的基础上,引导婴幼儿提出问题加以思考,并通过多种途径加以探索,寻找答案。

另外,婴幼儿的思维离不开直接的感知,他们开展活动离不开直观的玩具、教具等活动材料。可以说,婴幼儿的游戏或活动效果在很大程度上取决于材料的提供,因此,教师和家长应根据活动的目标和婴幼儿的思维特点,合理地提供各种玩具材料。

创造让婴幼儿参与活动、进行操作的条件和机会,尽量让他们多看、多听、多闻、多尝、多动手,充分发挥各种感官的作用,并鼓励婴幼儿边操作边进行思考。

(二) 引导婴幼儿充分接触大自然

大自然是一个天然的材料宝库,一草一木、一花一树这些最原始的物质材料都是极好的操作素材。陶行知先生提出"生活即教育,社会即学校"的教育主张,他认为应使婴幼儿生活在大自然、大社会的怀抱里,自然景象、动植物、人际关系等无一不是教育的场所、范围和内容。自然环境中各种感知和操作材料是玩具无法替代的,教师和家长应多带婴幼儿投身自然环境中,

在安全的条件下鼓励婴幼儿自主探索。

（三）多进行语言交流

教师和家长要多与婴幼儿进行语言交流，描述周围的事物和发生的事情，丰富他们的词汇量。认真倾听婴幼儿的表达，并积极地回应，鼓励他们表达自己的想法和感受。经常与婴幼儿一起阅读绘本，讲故事，发展他们的语言能力和想象力。

（四）保证均衡的营养与运动

1岁以内的婴儿建议用母乳喂养，母乳富含生长调节因子，有助于神经系统发育。1岁以后的幼儿要注意关键营养补充，如DHA、HMO、胆碱等，可通过食物或奶粉补充，促进大脑发育。

另外，要让婴幼儿保证充足的运动和睡眠，适度的运动，如爬行、站立、行走等，有助于刺激大脑发育。充足的睡眠，也有助于大脑发育和恢复。

（五）开展思维训练游戏

教师和家长可以引导幼儿开展一些思维训练游戏。如图形识别游戏（拼图、搭积木）可以锻炼婴幼儿的空间感知和逻辑思维能力。分类游戏（将不同颜色和形状的玩具进行分类），可以培养婴幼儿的分类能力和归纳能力。故事接龙游戏（家长编故事开头，引导婴幼儿一起编一两句情节）可以激发婴幼儿的想象力和创造力。

育儿宝典

为什么婴幼儿爱问"为什么"

1. 好奇心旺盛

婴幼儿天生对世界充满好奇，他们渴望了解周围的一切。通过提问"为什么"，他们试图理解事物的运作原理、因果关系以及背后的逻辑。这种好奇心是他们探索世界、学习新知识的动力源泉。

2. 语言能力的增强

随着婴幼儿语言能力的逐渐增强，他们开始能够用更复杂的句子来表达自己的疑惑和想法。提问"为什么"成为他们表达好奇心和求知欲的一种方式。

3. 认知发展的需求

婴幼儿在成长过程中，需要不断构建和完善自己的认知框架。提问"为什么"有助于他们整合新信息与已有知识，形成更全面的理解。这种提问过程也是他们思维能力和问题解决能力发展的重要组成部分。

4. 模仿与学习

婴幼儿往往会模仿大人的言谈举止。如果他们在日常生活中经常听到大人使用"为什么"来提问或解释事物，他们很可能会模仿这种行为，从而养成提问的习惯。

5. 寻求确认，获得安全感

婴幼儿在提问时，往往也在寻求大人的确认，获得安全感。通过大人的回答，他们可以确认自己的理解是否正确，同时也能感受到被关注和爱护。

婴幼儿爱问"为什么"的现象，通常出现在他们开始形成好奇心和探索欲的阶段，这标志着他们认知能力和语言能力的显著发展。[①] 婴幼儿不再只问"是什么"，而

---

① 高杨，阙可鑫，Stella Christie. 为什么婴幼儿爱问"为什么"[J]. 早期儿童发展，2022，(01)：24-35.

开始问"为什么",这反映了他们越来越理解这个世界上的因果关系。提出"为什么"和"如何"的问题,也为未来其抽象思维的发展打下基础。

需要注意的是,婴幼儿提问"为什么"的频率和深度会随着年龄的增长而变化。在婴幼儿阶段,他们的提问可能更多是基于直观感受和简单逻辑,而随着认知能力的不断提高,他们的提问将变得更加深入和复杂。

面对婴幼儿的提问,家长应保持耐心和积极的态度,给予恰当的回答和引导。这不仅可以满足他们的好奇心和求知欲,还能促进他们的认知发展和语言能力提升。同时,家长也可以通过提问和讨论的方式,激发婴幼儿的思维活力和创造力。

任务思考

1. 名词解释:思维、直觉行动思维。
2. 请简述 2～3 岁幼儿思维发展的特点。
3. 请找一找还有哪些启蒙婴幼儿思维发展的方法。
4. 请尝试设计一个促进婴幼儿思维发展的互动游戏。

实训实践

实训实践任务

1. **任务名称** 观察记录并分析婴幼儿的认知发展特点。

2. **任务内容** 在见实习期间,选取一位婴幼儿进行个别观察,观察并详细记录其在某个时间段或某个活动中的表情、言语、行为等,并尝试运用所学婴幼儿认知发展的相关知识分析婴幼儿在活动中表现出来的认知发展特点。

3. **任务要求**

(1) 客观记录婴幼儿的表情、言语、行为等,内容简要,信息丰富;

(2) 针对婴幼儿在活动中的表现分析,分析恰当,有一定理论依据。

4. **任务目标** 依据所学准确分析婴幼儿在活动中表现出来的认知发展特点。

5. **任务准备** 笔、记录本、录音笔或摄像机。

6. **任务实施过程**

(1) 复习项目内容,选择记录对象;

(2) 根据前期经验,计划观察要点;

(3) 避免干扰婴幼儿,简要记录内容;

(4) 整理资料,形成文本,见表 3-5-1。

表 3-5-1　观察记录并分析婴幼儿的心理特点和学习特点

观察时间	年　　月　　日　　星期　　午 ＿＿时＿＿分—＿＿时＿＿分		
婴幼儿年龄		性别	
观察主题			

续表

观察记录	
分析	

赛证 链接

1. 保护幼儿听觉器官的正确做法是(　　)。(2021年上半年《保教知识与能力》单选题)

A. 引导幼儿遇到噪音时捂耳、张嘴　　　　B. 经常帮助幼儿掏耳、去耳屎

C. 要求幼儿捏着鼻翼两侧擤鼻涕　　　　D. 经常让幼儿用耳机听音乐、故事

2. 下面几种新生儿的感觉中,发展相对最不成熟的是(　　)。(2017年下半年《保教知识与能力》单选题)

A. 视觉　　　　　B. 听觉　　　　　C. 嗅觉　　　　　D. 味觉

3. "尝试错误"是哪种思维活动的典型方式(　　)。(2023全国职业技能大赛婴幼儿保育单选题)

A. 直观行动思维　　　　　　B. 具体形象思维

C. 抽象逻辑思维　　　　　　D. 演绎归纳思维

4. 在幼儿记忆活动中占主要地位的是(　　)。(2022年下半年《保教知识与能力》单选题)

A. 有意记忆　　　B. 语调记忆　　　C. 形象记忆　　　D. 意义记忆

5. 10个月大的贝贝看见妈妈把玩具塞进了盒子,他会打开盒子把玩具找出来。这说明贝贝的认知具备了(　　)。(2023年上半年《保教知识与能力》单选题)

A. 守恒性　　　B. 间接性　　　C. 可逆性　　　D. 客体永久性

6. 桌子上放了一个三座山的模型,工作人员从各个方向给模型拍了照片,请幼儿坐在桌子一边,在他对面放一个布娃娃(图3-5-1)。让幼儿从所有照片中找出布娃娃看到的模型照片,结果幼儿选出的是自己位置上看到的模型照片。(2024年上半年《保教知识与能力》论述题)

问题:(1) 这个实验反映了幼儿什么样的特点?

(2) 请列举生活中的两个例子来说明这种思维特点。

图3-5-1　三山实验

项目四 婴幼儿情绪情感与社会性发展

项目导读

　　情绪情感与社会性发展是婴幼儿心理健康和社会适应能力的重要标志。本项目通过四个任务系统探讨0～3岁婴幼儿情绪情感、自我意识、气质类型及社会交往能力的发展。通过学习本项目,学习者将能够识别婴幼儿情绪情感与社会性发展的关键问题,掌握如何通过科学的托育服务和家庭教育促进婴幼儿的情绪情感健康和社会能力的发展。本项目的内容将帮助学习者在实践中更好地支持婴幼儿的全面发展,为其未来的社会适应奠定坚实基础,同时也为早期教育和托育服务提供了重要的实践指导。

学习目标

　　1. **知识目标**:掌握婴幼儿情绪情感、气质、自我意识和社会交往发展的含义和特点。

　　2. **能力目标**:能分析、评价婴幼儿的情绪情感、气质、自我意识和社会交往发展水平;能提出适宜的促进婴幼儿情绪、气质、自我意识和社会交往发展的策略。

　　3. **素养目标**:尊重婴幼儿情绪情感与社会性发展的特点和规律,关注个体差异,促进每个婴幼儿全面发展。

知识导图

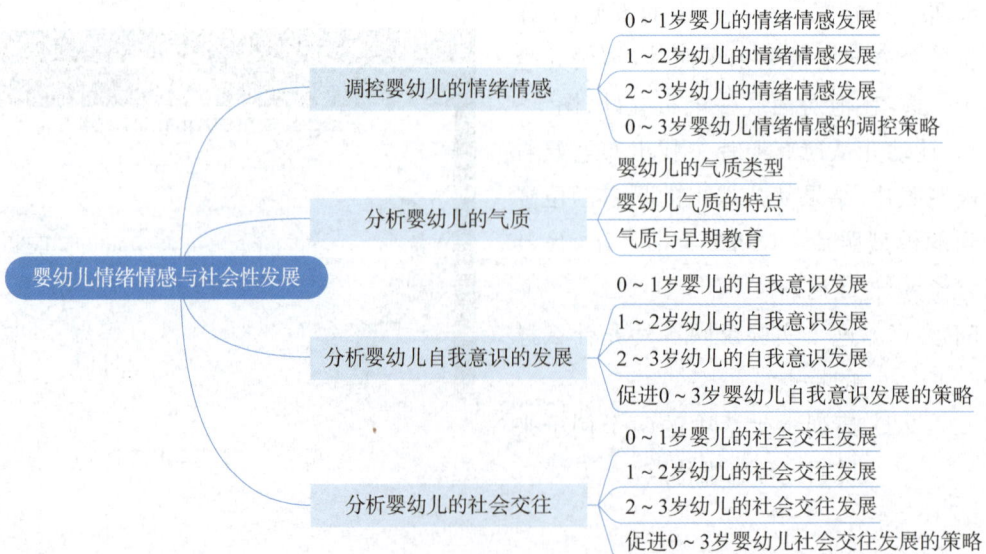

任务一　调控婴幼儿的情绪情感

案例导入

　　成成今年 3 岁了,这半年多以来,他的父母经常忙于工作,没有时间陪伴成成的时候就把电子产品递到成成的手里,希望成成能安安静静地自己玩,不要打扰自己。每当吃饭、睡觉的时间,妈妈就会让成成把电子产品关掉,可是成成每次都不愿意,大声说着:"我还没看完,还要再看一会儿。"不耐烦的妈妈就直接拿走了成成手里的电子产品。这样的处理方式让成成很不高兴,他总是大声地哭着以宣泄自己的情绪,并以不吃饭、不睡觉来进行对抗。有时候,他可以坐在地上哭 30 分钟,这让成成妈妈非常无奈。

　　在生活中我们也经常能够听到类似的案例,当婴幼儿需求得不到满足的时候会产生消极情绪,那么,当家长或教师面对类似的情景时,应该如何与婴幼儿进行沟通才能让他们产生积极情绪?

　　在该任务中,你需要了解婴幼儿情绪情感的发生与发展内容,掌握婴幼儿情绪情感发展的特点。能够分析、评价不同年龄阶段婴幼儿的情绪情感发展水平,并提出适宜的调控婴幼儿情绪情感的策略。

　　情绪和情感是以人的需要为媒介的心理活动,又是人对客观事物的一种态度反映。情绪是这种反映的较短暂状态,有满足自身需要而引起的态度及体验,如愉快、高兴、欢欣、满足、舒畅等;因违背自身意愿而引起的否定态度及体验,如愤怒、忧愁、哀怨、憎恨、烦恼和绝望等。情感则是指这种反映的稳定、持续的态度反映,如责任感、义务感、道德感、美感等。情绪是情感的基础,0～3 岁婴幼儿健康情感形成,有赖于早期生活中健康、良好的情绪体验。婴儿情绪情感的产生对于人一生的发展都有着积极的意义,是其适应环境、建立社会关系的重要基础。

一、0～1 岁婴儿的情绪情感发展

　　情绪是人类对外界刺激的主观反应,具有适应、沟通和调节功能。观察和研究普遍表明,婴儿出生后就有了情绪的表现,如新生儿或啼哭或安静或四肢舞动等,可称为原始的情绪反应。这些原始的情绪是天生的、不学就会的,是进化来的,而且它与婴儿的生理需要是否得到满足有直接关系。

(一) 情绪体验从简单到复杂

　　0～3 个月的婴儿以基本情绪为主。关于婴儿早期情绪的研究比较多,值得一提的是美国心理学家华生,他在 20 世纪早期对医院婴儿室内 500 多名初生婴儿进行观察,他指出,婴儿天生的情绪反应有三种:怕、怒和爱。我国心理学家林传鼎也曾亲自观察了 500 多个出生 1～10 天的新生儿的情绪变化,认为新生儿已具有两种完全可以分清的情绪反应:一种是愉快的情绪反应,代表生理需要的满足(如饱足、温暖和舒适等);另一种是不愉快的情绪反应,代表生理需要的未满足(如饥饿、寒冷、疼痛等)。这些研究都表明,婴儿情绪在出生后就已经分化出一些简单的情绪类型。

　　4～6 个月的婴儿相继出现与社会性需要有关的情绪体验,比如开始出现频繁的社会性微

笑,能够区分熟悉的人和陌生人,并对熟悉的人表现出更多的积极情绪。同时,婴儿开始意识到与主要照顾者的分离,可能会在照顾者离开视线时表现出轻微的不安或哭泣。当父母离开房间或交给陌生人抱时,婴儿可能会显得焦虑。这一时期,他们会对突然的声音、动作或新事物表现出惊讶,可能会睁大眼睛、身体短暂僵硬或发出短促的声音。例如,突然的响声或看到陌生人靠近时。而且,此时的婴儿能感知他人的情绪,并作出简单回应。例如,看到别人笑时也会笑,或对他人哭泣表现出关注。

7~9个月的婴儿情绪表达更加丰富,出现悲伤、怕生、依恋等复杂情绪,并能通过声音、动作等方式表达需求。我国心理学家孟昭兰经过研究认为,7个月时,婴儿进一步会因为熟人分离,产生分离悲伤,并惧怕从高处降落。随着婴儿认知分化、表征能力和客体永久性能力的发展,婴儿能较好地分清生、熟人。一般在6~8个月时,婴儿开始对陌生人产生恐惧,当陌生人接近时,婴儿特别警觉并拒绝其接近。在这一阶段,婴儿不仅害怕陌生人,还害怕许多陌生、怪异的物体和没有经历过的情况。8~9个月的婴儿,在一定的主动爬行经验的基础上,开始产生对深度的恐惧。

10~12个月的婴儿情绪表达丰富多样,既有积极的情绪(如快乐、好奇),也有消极的情绪(如生气、害怕)。婴儿会通过大笑、微笑、手舞足蹈等方式表达快乐,尤其是在与熟悉的人互动或玩喜欢的游戏时。对新鲜事物表现出兴奋,眼睛发亮,发出欢快的声音。当需求未被满足或活动受限时,会通过哭闹、踢腿、挥手等方式表达不满,表现出生气和挫败感。与主要照顾者分离时,可能会哭泣或表现出明显的焦虑。感到疲倦或不舒服时,也会通过哭泣或皱眉表达悲伤。在陌生人面前或新环境中,婴儿可能会表现出害羞,如低头、躲藏或紧紧抱住照顾者。

(二)社会性情绪情感逐渐建立

0~3个月的婴儿会对照顾者的声音、气味等产生偏好,表现出依恋的萌芽。婴儿能分辨熟悉的声音(如父母的声音),并表现出安静、专注或愉悦的反应。他们也会开始注意到人脸和表情。当父母用温柔的声音说话或唱歌时,婴儿可能会停止哭泣,专注地看着说话者。这时候,哭泣作为婴儿的主要沟通方式,不同的哭声表达不同的需求,如饥饿的啼哭、发怒的啼哭、疼痛的啼哭、恐惧或惊吓的啼哭、不称心的啼哭、招引别人的啼哭,父母和照护者会逐渐分辨这些哭声的含义。

4个月以后的婴儿社会性情绪发展迅速,在4个月至1岁之间,相继出现了婴儿情绪社会化的几种典型表现:社会性微笑、母婴依恋、陌生人焦虑、分离焦虑和情绪的社会性参照等。

1. 社会性微笑

社会性微笑的出现是婴儿情绪社会化的开端。虽然婴儿从出生时起就会微笑,但新生儿最初显露的是反射性微笑,这或在婴儿的睡眠中、困倦时发生,或在身体舒适时产生,或可以通过柔和地抚弄婴儿的面颊、对婴儿说话而产生。3个月以前婴儿也会出现社会性微笑,但他们还不能区分熟悉的人和陌生的人,对所有人都会微笑。直到4个月左右,婴儿逐渐能区分不同的个体,把母亲、家庭其他成员和生人分开。他们对主要抚养者如母亲笑得最多、最频繁,其次是对其他家庭成员和熟人,对陌生人笑得最少。

2. 母婴依恋

母婴依恋的形成是婴儿情绪社会化的一个重要标志。依恋是婴儿寻求并企图保持与另一个人亲密的身体接触的倾向。在婴儿同主要抚养者(一般是母亲)的最多、最广泛、最亲近、最密切的感情交流中,婴儿与母亲之间逐渐建立了一种特殊的感情联结,即对母亲产生一种依恋

视频

哭——婴儿最初的语言

视频

笑——婴儿最初的交流形式

关系。这种依恋关系在婴儿 6~7 个月时形成。其表现为:婴儿将其多种行为,如微笑、咿呀作语、哭叫、注视、依偎、追踪、拥抱等都指向母亲;最喜欢同母亲在一起,在母亲身边能使他得到安慰;同母亲的分离则会使他感到痛苦;在遇到陌生人和陌生环境而产生恐惧、焦虑时,母亲的出现能使他感到安全;而当他们饥饿、寒冷、疲倦、厌烦或疼痛时,首先要做的往往是寻找依恋对象。

3. 陌生人焦虑

随着婴儿逐渐能分清生人、熟人和母婴依恋的建立,婴儿能很好地把主要抚养者母亲和陌生人区分开来。陌生人出现会引起婴幼儿的恐惧、焦虑,陌生人离去,婴儿会慢慢平静下来。这种反应,我们就称之为"陌生人焦虑"。陌生人焦虑一般在婴儿 6~8 个月时达到高峰。12~18 个月会因依恋关系巩固而逐渐缓解。

4. 分离焦虑

随着婴儿与母亲依恋的建立,婴儿也出现了第二种形式的焦虑——分离焦虑,即婴儿与某个人产生了依恋之后,又要与所依恋的人分离,就会表现出伤心、痛苦的情绪。比如,一个 8 个月的婴儿正坐在房间里玩玩具时,看见母亲走出去了,随着母亲身影的消失,他哭了起来,这就是"分离焦虑"反应。分离焦虑在婴儿 6~7 个月时产生,随着母婴依恋的建立而同时发生。婴儿与母亲分离时的痛苦强度部分取决于母婴之间的关系性质。婴儿与母亲关系越密切,婴儿越不愿与母亲分离,焦虑反应越强烈;相反,母婴关系一般,分离时婴儿的痛苦反应也就相对较弱,很少出现忧伤情绪。

5. 情绪的社会性参照

情绪的社会性参照是婴儿情绪社会化的一种重要现象和过程。当婴儿处于陌生的情境时,他们往往会从成人的面孔上搜寻表情信息,然后决定自己的行动。婴儿的情绪社会性参照是在 7~8 个月时才发生的。每当婴儿遇到不能确定的情境时,他通常需要从母亲面孔上寻找信息,以理解、评价情境,并确定自己的反应,比如,当 8 个月的婴儿遇到陌生人接近时,会注意察看母亲的面孔。当母亲表现出积极、友好的情绪态度时,婴儿很少出现陌生人焦虑,惧怕、哭泣反应很弱;而当母亲表现出消极、害怕的情绪反应时,婴儿就会产生陌生人焦虑,哭泣、恐惧反应强烈。情绪的社会性参照对婴幼儿的发展具有极其重要的意义。

在婴儿末期,他们能够与照护者进行简单的情感交流,并开始表现出同情心。会对同龄人产生兴趣,频繁地出现社交性微笑和互动行为。在与他人交往的过程中,婴儿开始理解他人情绪,并做出简单回应,如看到别人笑时也会笑,或对他人哭泣表现出关注。

(三)情绪调节能力弱

1 岁之前,婴儿会尝试通过吸吮手指、抓住安抚物或发出哼哼声来自我安抚。0~3 个月的婴儿依靠生理调节,在生理需求得到满足后,会出现吸吮、睡眠等安静的行为表达愉悦的情绪。4~6 个月的婴儿开始出现自我安慰行为,如吮吸手指、抓握玩具等。7~9 个月的婴儿能够通过转移注意力等方式调节情绪,并开始寻求照护者的安慰。10~12 个月的婴儿情绪调节能力增强,他们能够使用简单的策略调节情绪,如离开刺激源、寻求照护者的帮助、抱着安抚物等来缓解不安。

不过,1 岁之前,婴儿的情绪调节能力整体上是比较弱的。以上调节方式往往效果有限,仍需要外部干预。比如,婴儿需要依靠照顾者的干预来平静情绪,被抱着、轻轻摇晃或喂奶都是有效的干预手段。婴儿有时候无法快速从情绪波动中恢复,一旦陷入负面情绪(如哭闹或烦躁),往往需要较长时间才能平静下来,即使需求已被满足。由于神经系统尚未发育完全,对外界刺激的调节能力较弱,婴儿对突然的声音、光线或动作可能会表现出过度反应,如大哭或身体僵硬。同时,婴儿的情绪容易受到外界情绪的感染,例如看到其他婴儿哭闹时,自己也可能会哭。

(四)个体差异初步显现

婴儿的情绪发展呈现出个体差异性,婴儿在情绪表达的强度、对陌生环境和人的反应、情绪稳定性上有所不同。有些婴儿情绪表达强烈,哭声响亮且持续时间长;而有些婴儿情绪表达较为温和,哭声轻柔且容易安抚。有些婴儿对陌生环境或人表现出强烈的不安和抗拒(如哭闹、躲藏);而有些婴儿则能较快适应,甚至表现出好奇和兴趣。有些婴儿情绪较为稳定,不易受外界刺激影响;而有些婴儿情绪波动较大,容易因微小变化而哭闹。

由于照护者的养育方式和回应方式不同,婴儿的情绪调节能力、社会性情绪的发展水平、自我安抚能力、情绪表达的多样性也存在着较大的差异。有些婴儿能较快从负面情绪中恢复,哭闹后容易平静;而有些婴儿则需要较长时间才能安抚。有些婴儿较早表现出社会性微笑、对他人情绪的回应和模仿;而有些婴儿则较晚发展这些能力。有些婴儿能通过吸吮手指、抓住安抚物或发出哼哼声来自我安抚;而有些婴儿则完全依赖外部安抚(如抱抱、喂奶)。有些婴儿情绪表达丰富,能通过多种表情、声音和动作表达情绪;而有些婴儿情绪表达较为单一,主要通过哭泣或微笑表达。如果照护者能够及时、敏感地回应婴儿,关爱婴儿,多与婴儿互动,那么婴儿的情绪就会朝着正向、积极的方向发展。

二、1~2 岁幼儿的情绪情感发展

1~2 岁幼儿的情绪体验和表达逐渐丰富和深刻,情绪的社会化和自我调节能力也在逐步发展。

(一)情绪的丰富性

随着大脑发育和认知能力的提升,幼儿对情绪的理解和表达能力逐渐增强。幼儿的基本情绪有所丰富,如快乐、悲伤、惊讶、恐惧、愤怒、厌恶等情绪都已频繁出现,情绪表达的方式更加多样化,包括面部表情、肢体语言、声音等。1 岁 3 个月左右,幼儿开始意识到自己是独立的个体,能够识别镜子中的自己,并表现出与自我相关的较为复杂的情绪,如骄傲、羞愧、嫉妒、内疚或尴尬。

(二)情绪的易变性

由于幼儿情绪调节能力尚未成熟,他们无法有效控制自己的情绪。1~2 岁幼儿的情绪往往波动较大,变化迅速。他们可能在前一刻还很高兴,下一刻就会因为某个小事情而陷入悲伤或愤怒中。如 2 岁的幼儿,因为爸爸拒绝给他买喜欢的玩具而大声哭闹,但是如果旁边的妈妈递给他一个喜欢的零食,他可能会较快地转换情绪,停止哭泣并表现出满足、愉悦的情绪。随着年龄的增长,幼儿的情绪会逐渐稳定,4 岁以后会有明显的进步。

(三)情绪体验的深刻性

1~2 岁是幼儿情绪体验逐渐深刻化的重要阶段。随着认知能力、自我意识和社会性情绪的发展,幼儿的情绪体验不再仅仅是对外界刺激的直接反应,而是开始与他们的内心世界、社会关系和个人经历紧密相连。此时,幼儿开始能够更深刻地理解自己的情绪体验,能在成人的指导下,尝试用语言来描述自己的感受。例如,当幼儿感到害怕时,他们可能会说"我怕";当他们感到快乐时,则会说"我很开心"。

（四）情绪的社会化

1～2岁,幼儿的依恋关系更加稳固,对照护者的依赖程度达到高峰,分离焦虑更加明显。当父母离开时,幼儿可能会哭闹不止。不过,他们的社交兴趣更加浓厚,开始主动与同龄人互动,例如模仿他人行为、分享玩具等,并在与同龄人交往的过程中获得情绪体验。幼儿开始理解他人的情绪,并作出简单回应,例如,看到别人哭时表现出关切,或模仿他人的表情。

（五）情绪调控能力增强

虽然1～2岁的幼儿在情绪控制方面仍然有限,但他们已经开始尝试控制自己的情绪。首先,幼儿自我安慰能力增强,例如,当遇到挫折或不如意的事情时,他们可能会尝试用"没关系"或"再来一次"来安慰自己。其次,幼儿寻求帮助的意识增强,当遇到困难或情绪激动时,会主动寻求照护者的帮助。再次,幼儿开始使用简单策略,例如,通过转移注意力、离开刺激源等方式调节情绪。这些初步的情绪控制能力对于幼儿未来的情绪调节和社交能力发展具有重要意义。

三、2～3岁幼儿的情绪情感发展

（一）情绪理解与共鸣能力的发展

2～3岁的幼儿能够识别和区分基本情绪,如快乐、悲伤、愤怒和恐惧。他们可以通过面部表情、声音和肢体语言来感知、理解他人的情绪。同时,他们开始理解情绪与特定情境之间的联系。比如摔倒可能会让人哭,收到礼物会让人开心。他们也能够初步理解情绪产生的原因了,如"妈妈生气了,因为我把玩具弄坏了"。在理解他人情绪的基础上,幼儿开始对他人的情绪作出回应。例如,看到同伴哭泣时,可能会表现出关心或模仿哭泣行为,也可能给哭泣的同伴一个玩具或拥抱来安慰他。这种共鸣能力的发展有助于幼儿建立更加积极的社会关系。

（二）情绪表达能力增强

2～3岁的幼儿不仅能够用简单的语言表达自己的情绪,如"我开心""我生气",还能通过肢体动作(高兴时跳跃、生气时跺脚)、面部表情(微笑、皱眉、噘嘴)和语调(高亢、低沉、疑问、夸张)等多种方式来传达情绪。这种多样化的情绪表达方式使得他们能够更好地与他人沟通和交流。

（三）情绪表达与自我意识的增强相关

随着自我意识的增强,2～3岁的幼儿开始意识到关注自己的情绪状态,并尝试通过情绪表达来维护自己的权益和需求。他们可能会因为自己的愿望得不到满足而表现出愤怒或沮丧的情绪,也可能会因为得到表扬或鼓励而表现出兴奋和自豪。这种情绪表达与自我意识之间的紧密联系反映了幼儿心理发展的一个重要方面。

（四）情绪的社会学习与模仿

此阶段的幼儿开始更加积极地参与社会学习和模仿。他们可能会模仿父母、同伴的情绪表达和行为方式,从而学习如何更好地处理自己的情绪。例如,他们可能看到妈妈笑时也跟着笑,看到爸爸生气时也皱起眉头;同样他们可能看到同伴哭时也跟着哭,看到同伴笑时也跟着笑。这种社会学习和模仿的过程有助于幼儿调节情绪并适应社会。

四、0～3岁婴幼儿情绪情感的调控策略

婴幼儿情绪情感的培养主要包括积极情绪情感的培养和消极情绪情感的防止与排除两个

视频

0～3岁幼儿
积极情感的
培养

方面。情绪情感的产生与需要相关,当婴幼儿的需要得到满足时,即获得肯定的体验,需要不能满足时,则获得否定体验。但是并非婴幼儿所有的需要都能获得满足,适当的否定体验也是必要的,因此婴幼儿需要具备自我调节和排除消极情绪情感的能力。

(一)婴儿积极情绪情感的培养

1. 创设轻松愉快的心理环境

良好的生活环境、合理有规律的生活作息制度、充满肯定的情绪情感氛围、不仅有利于婴幼儿身体健康和良好行为习惯的养成,更有助于婴幼儿情绪的稳定。在这样的环境中生活和学习,可以使婴幼儿感到安全和愉快,产生归属感和探索的意愿。为此,无论是家长还是教师都应该为婴幼儿创设良好的心理环境,合理安排好婴幼儿的一日生活,使婴幼儿时时都处在充满欢乐愉快的氛围中,促使婴幼儿积极情绪情感的形成。家长和教师必须注意自己的教育态度,和颜悦色、和蔼可亲的态度,会感染婴幼儿并形成宽松愉快的环境氛围;若经常呵斥婴幼儿,就会让婴幼儿时刻处于紧张压抑状态,产生消极情绪情感。

2. 提供良好的情绪示范

婴幼儿的情绪易受感染、模仿性强,因此成人的情绪示范对婴幼儿情绪的发展十分重要。家庭是婴幼儿出生后的第一所学校,也是人生情感习得的启蒙学校,父母的榜样作用对婴幼儿的情绪情感发展有着长远而深刻的影响。因此,父母必须处理好双方之间的关系。如果父母彼此和睦,互相爱护与尊重,善于管理好自己的情绪,表现出乐观、积极向上的心态,设身处地地为对方着想,使婴幼儿生活在愉快和谐的家庭生活中,在这种环境下成长的婴幼儿往往感受到安全和温馨,容易产生愉悦的情绪体验,也能够敞开心怀地表达自己的情绪。教师作为一日活动的组织者,其情绪的变化直接影响着全班婴幼儿。因此,教师在工作时间,一定要保持良好的情绪,对婴幼儿产生潜移默化的作用。

3. 通过游戏丰富幼儿的情绪体验

游戏是婴幼儿的基本活动,能满足婴幼儿的许多需要,使婴幼儿获得积极的情绪体验。玩沙、玩水、玩泥、唱歌、跳舞、绘画等都可以使婴幼儿在其中释放情绪,让他们感到轻松愉快。另外,婴幼儿在生活中经常处于被支配、从属的地位,但在游戏中,婴幼儿可以做自己想做的事,还可以自由地表达愿望,获得一种心理掌控感从而感到愉快、自信、心情舒畅,有利于积极情绪情感的发展。

4. 通过文学艺术作品培养婴幼儿的高级情感

文学艺术作品富有感染力,也是婴幼儿喜爱的活动形式,在培养婴幼儿高级社会情感方面有着独到的作用。在许多优秀的文艺作品中,人物角色形象鲜明,情节生动,富有感染力,而且这些作品中往往富有一定的情感教育内容,如友爱、合作、诚实等。尤其是一些绘本故事,以图讲故事,图文并茂,刻画角色精致细腻,颜色鲜艳明亮,能给予婴幼儿美的感受。还有一些专门引导婴幼儿认识情绪的绘本,如《我的情绪小怪兽》等,不仅从婴幼儿的角度讲了一个好听的故事,同时也可以引导婴幼儿正确认识情绪的类型,以及正确对待消极情绪。

5. 培养婴幼儿移情的能力

移情能力的出现最早可追溯到1岁前,婴儿一听到其他孩子的哭声便会跟着哭,对他人有情感反应,但还不能把自己和周围世界区分开来,以自我为中心,把别人的痛苦当成自己的痛苦。随着年龄的增长,婴幼儿具备了根据他人的想法和行为来看待问题的能力,这种能力有助于婴幼儿理解别人的情绪情感,建立更好的人际关系,并出现更多的合作行为。因而,家长和教师要注重对婴儿移情能力的培养。

首先,家长和教师应引导婴幼儿学会观察他人的表情、声音、行为等,从而判断他人的情感。并发挥榜样的作用,随时随地做好事,婴幼儿可以从家长和教师那里学习对待他人的态度,逐渐形成相应的行为方式。其次,与婴幼儿互换角色,让他来体验别人的情感,即换位思考,可通过讲故事的方式进行,让婴幼儿理解故事中的角色,学习故事中的主人公是如何解决问题的,引起婴幼儿的情感共鸣。也可以通过游戏的方式进行,如角色扮演,在游戏中,婴幼儿扮演着各种角色,从中亲身体验所扮演角色的情感,认识到他人有不同于自己的内心体验,从而学会理解别人。再次,教会婴幼儿随时随地做力所能及的事,比如,帮阿姨拿东西,为奶奶开门等。当这些事情在生活中成为一种习惯的时候,婴幼儿就会觉得帮助他人是一件快乐的事情,进而出现更多的积极行为。

(二) 婴儿消极情感的排除

世界卫生组织(WHO)提出:所谓健康,并不仅仅是不得病,还应包括心理健康以及社会交往方面的健康。也就是说,健康是在精神上、身体上和社会交往上保持健全的状态。近年来,人们越来越认识到心理健康对人的重要性,而心理健康的主要方面就是情绪的健康,即没有情绪方面的异常,如忧愁、焦虑等。因此学会调节自己的消极情绪对每个人来说都十分必要。

婴幼儿与成人一样,也存在情绪健康的问题。很多婴幼儿存在不同程度的焦虑情绪,这种情绪状态会直接影响婴幼儿健康地成长。因此,教师和家长要观察婴幼儿的情绪状况,及时发现并处理婴幼儿的消极情绪,保持婴幼儿情绪的健康。

1. 正确对待婴幼儿的消极情绪

家长往往比较乐于看到婴幼儿的积极情绪,而忽视、排斥婴幼儿的消极情绪,认为消极情绪对婴幼儿成长不利,不应该出现消极情绪。但是,婴幼儿的情绪表达是他们与外界沟通的重要方式,无论是积极情绪还是消极情绪,都是他们内心感受的自然流露。家长和教师应正确对待婴幼儿的消极情绪,帮助他们在情绪管理和社会适应方面健康发展。

积极的情绪体验可以使婴幼儿身心愉悦,促进健康成长;消极情绪是婴幼儿面对挫折、冲突或不适时的自然反应,是他们学习和成长的一部分。消极情绪可以帮助婴幼儿表达需求、释放压力,并促使他们重新思考和调整行为。婴幼儿有权利感受和表达各种情绪,家长和教师应尊重他们的情绪体验。当婴幼儿出现消极情绪时,教师和家长不应训斥、威胁或忽视,例如"别哭了,再哭就出去"这样的语言会让婴幼儿感到被否定,并怀疑自己的感受,降低自我价值感。也不要试图立刻消除孩子的消极情绪(如用物质奖励哄骗)会让婴幼儿失去学习情绪管理的机会。

2. 采用适宜的方法帮助婴幼儿控制消极情绪

0～3岁婴幼儿情绪的稳定性比较差,往往不会控制自己的情绪,家长与教师可以通过以下方法帮助年龄大一些的婴幼儿控制情绪。

(1) 转移法

当婴幼儿出现某种消极情绪时,转移注意力是非常好的化解方法。家长与教师可以带婴幼儿离开发生情绪的情境,然后利用周围环境中一些有趣的事物吸引他的注意,或带他做些感兴趣的活动,让情绪的焦点不再停留于矛盾冲突,从而使情绪慢慢得到平复,最后针对事件和婴幼儿具体沟通。这种方法对于年龄越小的婴幼儿越有效。

(2) 冷却法

婴幼儿情绪十分激动时,可以采用暂时置之不理的办法,他们自己会慢慢地停止哭喊。所谓"没有观众看戏,演员也就没劲儿了"。当婴幼儿的情绪处于激动状态时,成人切忌激动起来。比如,当婴幼儿在大声哭喊时,用更大的声音对婴幼儿喊叫:"哭什么,再哭就出去"或"不准哭,闭上嘴!"等,这样做只会使婴幼儿情绪更加激动。

(3)消退法

对待婴幼儿的消极情绪可以采用条件反射消退法。比如,有个孩子上床睡觉要母亲陪伴,否则就要哭闹。母亲只好每晚陪伴,有时长达一个小时。后来,父母商量好,采用消退法,对他的哭闹不予理睬。婴幼儿第一天晚上哭了整整 50 分钟,哭累了也就睡着了。第二天只哭了15 分钟。之后哭闹时间逐渐减少,最后不哭也安然入睡了。

3. 引导婴幼儿调节自己的情绪

2 岁前的婴幼儿产生消极情绪的原因主要是生理需求得不到满足,只要满足他们的生理需求他们很快就能消除消极情绪,产生积极情绪。2～3 岁的幼儿需求会增多,除了生理性需求以外,还会有社会性需求,在需要不能被满足时,有时会出现发脾气、跺脚,甚至在地上打滚。

家长和教师可以引导婴幼儿学习调节自己情绪的方法。第一种是反思法,可以让幼儿想一想自己的情绪表现是否合适。比如在自己的要求不能得到满足时,想想自己的要求是否合理? 和小伙伴发生争执时,想一想是否错怪了对方? 第二种是自我说服法,幼儿在打预防针时,可以让幼儿对自己说:"打完预防针,我就不会生病了,就可以吃很多好吃的。"如果幼儿和小朋友打架了,很生气,可以要求他讲述打架发生的过程,他们会越讲越平静。第三种是想象法,当遇到困难或者挫折伤心时,让幼儿想象自己是"大哥哥""大姐姐""警察"等角色,可以促使孩子勇敢地面对困难和挫折,变得坚强起来。

最后,如果能够引导幼儿在冷静之后用语言表达自己的需求更好,比如"我想让你听听我的想法""我想让你抱抱我""我还想要一个机会""我想出去走走""我想让你知道我能做好"……

育儿宝典

当孩子发脾气时家长该如何应对?[①]

当孩子情绪失控时,家长保持冷静是关键。如果父母以愤怒或高声的方式回应,孩子可能会模仿这种激烈的情绪表达。相反,平和的态度有助于缓解紧张氛围,让双方都能更好地控制情绪。在某些情况下,温和地转移注意力(如"你看,外面有只小鸟!"或"咦,我好像听到什么声音?")可以有效打断孩子的哭闹,避免情绪进一步升级。

如果家长感到自己也即将失去耐心,可以尝试用幽默的方式化解冲突。例如,把洗澡的争执变成一场"看谁先到浴室"的比赛,或者用夸张的表情和语气提出要求。只要孩子不是过度疲惫或极度烦躁,这种轻松的方式往往能让孩子更配合,同时也能缓解家长的压力。

坚定而温和地设定界限很重要。有些家长在说"不"时会感到内疚,倾向于过度解释或道歉。但即使是 2～3 岁的孩子,也能感知到成人的犹豫,并可能试探底线。如果家长因孩子的哭闹而妥协,孩子未来遇到限制时可能会用更激烈的方式表达不满。因此,家长应当坚定而清晰地表达规则,无需自责或过度解释。随着孩子年龄增

---

① [美]斯蒂文·谢尔弗. 美国儿科学会育儿百科[M]. 陈铭宇,周莉,池丽叶,等译. 6 版. 北京:北京科学技术出版社,2016.

长,可以简单说明规则的原因,但避免冗长的说教,以免让孩子更加困惑。

建立规则是减少冲突或者尽快解决冲突的好办法。制定规则时,应以安全和不破坏物品为基本原则,并确保所有看护者执行一致。在执行规则时,建议采用合作的方式。如给予替代方案,不说"别往窗户扔球",而是说"球可以往筐里扔";也可以共同完成任务,要求孩子收拾玩具时,家长可以一起参与。最后要确保安全,当涉及安全问题时(如触碰热炉子),必须确保孩子遵守,必要时陪伴监督,而非仅口头警告。

通过冷静的态度、幽默的化解、清晰的规则和合理的引导,家长可以更有效地应对孩子的情绪爆发,同时帮助孩子学会更好的情绪管理方式。

任务思考

1. 名词解释:分离焦虑、情绪的社会性参照。
2. 谈谈0~3岁婴幼儿良好的情绪情感如何形成?
3. 简述2~3岁幼儿的情绪情感发展特点。

任务二　分析婴幼儿的气质

案例导入

小佳老师的班级里有12个2~3岁的幼儿,在与他们相处了1周后她初步摸清了幼儿的脾性。有2个比较特别的孩子引起了她的注意:2岁5个月的小楠在园的大部分时间表现得比较安静,不大开口说话,在入园与妈妈分别时会有一些委屈的表现,离园时会对妈妈的到来表示开心,但也仅仅是依偎在妈妈的怀抱里。对比起来,2岁6个月的牛牛在园表现得就像一位大哥哥,他对每个小朋友都非常热情,经常会因为一点小事而开心地拥抱老师和小朋友们,遇到问题时会表现得比较急躁,大声急促地叫喊小佳老师来帮忙。他们的差别正体现出个体的气质差异,面对具有差异的幼儿,小佳老师该如何照护他们,并与他们建立良好的关系呢?

在该任务中,你需要了解婴幼儿气质的概念,理解婴幼儿气质类型与特点,能够分析、评价幼儿的气质类型,并据此能够提出适宜的照护策略。

气质是受个体生物组织所制约、不依活动目的和内容为转移的典型的相对稳定的心理活动的动力特征,是婴幼儿与生俱来的行为风格。气质是在任何社会文化背景中,父母最先能观察到的婴幼儿的个人特点。如新生儿的睡眠规律、活动水平、是否爱哭、哭声大小等有明显的个体差异。婴幼儿气质的差异主要体现在情绪水平、活动性、注意力、适应性等方面。

庞丽娟认为气质主要包含以下三个核心内容:①气质是关于心理活动、行为的速度、强度和灵活性等方面的动力倾向性,而非个别行为特征,不受活动目的和内容的影响;②气质具有生物遗传性,是一种在出生后即表现出来、具有"天赋性"的个体特征;③气质既具有稳定性又具有可变性。气质是从新生儿起就开始表现出来的一种比较稳定的个性心理特征,但它在后天生活环境和教育影响下,在一定程度上是可以改变的。

一、婴幼儿的气质类型

由于气质定义、内容和生理基础等问题上存在着不同的理论或流派,对气质的本质有着各不相同的解释,因而对气质类型的划分也是众说不一,以下将介绍心理学界较为认同的,并对照护者教养婴幼儿提供较多启示的传统的四类型说,以及托马斯、切斯的三类型说。

(一) 传统的四类型说

这一分类是公元前五百年希腊医生希波克拉底提出,并由后人命名的。目前仍具有较强的生命力,被人们广泛运用。它将人类气质分为以下四种最基本的类型。

1. 多血质

多血质婴幼儿通常表现出较弱的感受性,但对刺激的反应性、兴奋性和平衡性都很强。他们具有很高的可塑性,善于适应新环境,性格外倾,热爱交际,灵活性高,反应速度快。对于这类婴幼儿,教师应鼓励他们参与多样化的活动,以满足他们旺盛的好奇心和探索欲。同时,由于他们容易兴奋,教师也需要适时引导他们学会情绪管理,避免过度冲动。

2. 胆汁质

胆汁质婴幼儿的感受性较弱,但反应性和主动性极强。他们的兴奋状态往往超过抑制状态,性格外倾,情绪兴奋性强,反应速度非常快,但可能缺乏灵活性,表现出一定的刻板性。对于胆汁质婴幼儿,教师需要给予他们足够的自由空间,以释放他们的能量。同时,通过设定明确的规则和界限,帮助他们学会控制自己的行为,避免过于冲动或攻击他人。此外,鼓励他们参与需要耐心和细致的任务,以培养灵活性。

3. 黏液质

黏液质婴幼儿的感受性、反应性和主动性都较弱。他们性格内倾,不灵活,对新环境的适应速度较慢。情绪兴奋性较弱,反应速度也相对缓慢。对于这类婴幼儿,教师需要给予他们足够的时间和空间来适应新环境和新任务。通过耐心的引导和鼓励,帮助他们建立自信,克服拖延和犹豫的倾向。同时,为他们提供稳定、可预测的学习环境,以减少他们的焦虑感。

4. 抑郁质

抑郁质婴幼儿的感受性很强,但反应性和主动性较弱。他们性格内向、刻板,内心可能充满兴奋,但外表却显得平静甚至抑郁。情绪容易波动,反应速度缓慢,不灵活。对于抑郁质婴幼儿,教师需要给予他们特别的关注和关爱,以建立信任关系。通过倾听他们的想法和感受,帮助他们表达自己的情感。同时,鼓励他们参与团队活动,以培养社交技能,减少孤独感。此外,为他们提供稳定的支持和鼓励,帮助他们建立积极的自我形象。

(二) 托马斯、切斯的三类型说

托马斯、切斯等人通过对婴幼儿的行为观察,对父母与教师的访谈和问卷调查进行追踪研究(纽约纵向研究,简称 NYLS),把婴幼儿的情绪和行为分离出 9 个相对稳定的气质维度,即活动水平、节律性、注意分散度、趋避性、适应能力、注意广度和持久性、反应强度、反应阈限和心境。

① 活动水平。指婴幼儿在日常活动时,动作的多少和速度的快慢。高活动水平的婴幼儿可能喜欢跑跳、难以安静坐着;低活动水平的婴幼儿更安静、动作较慢。

② 节律性。指饥饿、睡眠和排泄等生理机能规律。规律性强的婴幼儿作息稳定;规律性

弱的婴幼儿作息不固定,难以预测。

③ 注意分散度。指婴幼儿的注意力是否容易从正在进行的活动中转移。高分散度的婴幼儿易被声音、光线等干扰而分心;低分散度的婴幼儿能专注任务,不易受环境影响。

④ 趋避性。即对新刺激的最初反应特点是趋近还是躲避。趋近型婴幼儿对新事物好奇、易适应;退缩型婴幼儿可能表现出警惕或拒绝。

⑤ 适应能力。即婴幼儿对新环境或新刺激的适应过程。适应能力强的婴幼儿能快速调整,几天内就可以适应托育园;适应能力弱的婴幼儿需要更长时间适应变化,期间持续抗拒。

⑥ 注意广度和持久性。指婴幼儿从事某种单一活动时稳定注意的持续时间。高持久性的婴幼儿能够长时间专注某一事物,即使遇到困难也不放弃;低持久性的婴幼儿会频繁切换活动,容易因挫折放弃。

⑦ 反应强度。即表达情绪反应的能量水平。高反应强度的婴幼儿情绪表达强烈(如大哭大笑);低反应强度的婴幼儿情绪较平和。

⑧ 反应阈限。指能够引起婴幼儿注意和反应的最小刺激强度。低阈限的婴幼儿对微弱刺激敏感(如易被噪声干扰、对衣物标签敏感);高阈限的婴幼儿需要更强刺激才有反应。

⑨ 心境。指婴幼儿睡醒后几小时内的优势情绪。积极心境的婴幼儿常微笑、友好。消极心境的婴幼儿易烦躁、哭闹或抱怨。

以上维度中,有些维度虽然相似但实则不同,如,趋避性是初始反应,适应能力是后续调整。即一个婴幼儿可能初始退缩,但最终适应良好。注意分散度指易受干扰,注意广度和持久性指专注时长。比如,一个婴幼儿可能易分心,但一旦专注能持久。这些维度共同构成婴幼儿气质的整体轮廓,帮助家长和教育者理解个体差异,并采取匹配的教养策略。不同年龄婴幼儿在气质维度上的行为表现,见表4-2-1。

表4-2-1　NYLS不同年龄婴幼儿在气质维度上的行为表现

年龄 维度	2个月	1岁	2岁	3岁
活动水平	换尿布时是否手脚舞动多而快	吃饭时是否动来动去	是否在家具上爬上爬下,活动频率高	是否积极主动参与各种游戏(体育游戏)和活动
节律性	睡眠时间、吃饭量、入睡时间是否规律	入睡时间、上下午睡眠时间、大便时间是否规律	吃饭、睡觉、大便等是否规律	是否基本形成了稳定的生活规律
注意分散度	哭闹时换尿布是否停止哭闹	玩耍时是否会被其他物品吸引而分心	在做一件事时,是否容易被其他事物吸引而转移注意力	在做一些简单的任务或游戏时,是否容易被其他事物吸引而转移注意力
趋避性	初次用奶瓶是否喜欢	对陌生人接近是否会感到不安;在陌生环境(奶奶家)第一次过夜是否睡得好	是否主动与陌生人打招呼、互动	是否对新事物兴趣浓厚,是否主动接近新环境和陌生人
适应能力	换尿布是否愿意配合	以前没吃过的食物是否愿意尝试	理发时是否每次都哭闹	是否能够较快地适应不同的环境和变化

年龄 维度	2个月	1岁	2岁	3岁
注意广度 和持久性	想吃奶时是否接受喝水;对喜欢的玩具是否能专注看一会儿	对喜欢的玩具是否玩很长时间;是否能坚持玩简单的智力玩具	是否能坚持玩有一定难度的智力玩具,如搭积木、拼图,直到最后完成	是否能在一定时间内坚持完成一项任务,如拼图、画画,并保持较高的注意力。
反应强度	饥饿时是否大哭	从头顶穿脱衣服是否有较强反应;别的小孩打他是否有大声哭叫等强烈反应	遇到不如意的事情是否反应强烈,如发脾气、扔东西等	在遇到挫折或不如意的事情时,是否会有较大的情绪反应
反应阈限	对声音反应是否迅速	是否能分辨放在一起的喜欢和不喜欢的食物	对环境的变化更加敏感,是否表现出对新玩具、新衣服明显的喜欢与不喜欢	是否能准确地感知和区分各种刺激
心境	吃完奶后是否无缘无故烦恼	母亲离开时是否哭	是否会有强烈的情绪表达,如高兴时会大笑、手舞足蹈	是否能够更好地控制自己的情绪,相对比较稳定

后来,托马斯、切斯又根据上述维度中的 5 个(节律性、趋避性、适应性、反应强度、心境),归纳出 3 种气质类型:容易抚育型、抚育困难型、发动缓慢型。

1. 容易抚育型

大多数婴幼儿属于这一类型,约占托马斯、切斯全体研究对象的 40%。这类婴幼儿的吃、喝、睡等生理机能有规律,节奏明显,容易适应新环境,也容易接受新事物和不熟悉的人,情绪一般积极愉快,爱玩,对成人的交往行为反应积极。由于他们生活规律,情绪愉快且对成人的抚养活动提供大量的积极反馈,因而容易受到成人的关怀和喜爱。

2. 抚育困难型

这一类婴幼儿人数较少,约占 10%。他们突出的特点是时常大声哭闹,烦躁易怒,爱发脾气,不易安抚。在饮食、睡眠等生理机能活动方面缺乏规律性,对新食物、新事物、新环境接受很慢。他们的情绪总是不好,在游戏中也不愉快。成人需要费很大的力气才能使他们平静下来,也很难得到他们的正面反馈。由于这种婴幼儿对父母来说是一个较大的挑战,因而在养育过程中容易使亲子关系疏远,需要成人极大的耐心和宽容。

3. 发动缓慢型

约有 15% 的被试属于这一类型。他们的活动水平很低,行为反应强度很弱,情绪比较容易消极,但也不像困难型婴幼儿那样总是大声哭闹,而是常常安静地退缩。他们逃避新事物、新刺激,对外界环境和事物的变化适应较慢。但在没有压力的情况下,他们也会对新刺激缓慢地发生兴趣,在新情境中能逐渐地活跃起来。这一类婴幼儿随着年龄的增长,随成人抚爱和教育情况不同而发生分化。

以上三种类型只涵盖了约 65% 的婴幼儿,另有 35% 的婴幼儿不能简单地划归到上述任何一种气质类型中去。他们往往具有上述两种或三种气质类型的混合特点,属于上述类型中的中间型或过渡(交叉)型。

二、婴幼儿气质的特点

在人的各种个性心理特征中,气质是最早出现的,也是变化最缓慢的。

(一) 稳定性

婴幼儿出生时就已经具备一定的气质特点,在整个婴儿期甚至儿童期内常会保持相对稳定。俗话所说的"江山易改,禀性难移",即指气质的相对稳定性。例如婴儿期抚养困难型的孩子,在入托入园时也会较难安抚,对于集体生活的适应期略长。

(二) 可变性

气质并不是一成不变的。观察和研究都发现,婴幼儿"天生带来"的活动或行为模式是可以改变的。这是因为,其神经系统和心理活动都正处在不断发展、变化过程中,具有较强的可塑性,后天环境和教育对其发展的影响也是至关重要的。

在婴幼儿气质的发展过程中,还存在着气质的掩蔽。所谓"掩蔽现象"就是个体的气质类型没有改变,但是形成了一种新的行为模式,表现出一种不同于原来类型的气质外貌。究其原因,是婴幼儿的行为因生活的环境和外在的刺激发生改变而随之变化。因此,哪怕是抑郁质的孩子,只要多加鼓励,也会表现出活泼外向的多血质特征。由此可见,婴幼儿的气质类型虽然相对稳定,但并不是一成不变的,成人还是可以朝着更有利于婴幼儿成长的方向去塑造他们的气质。

视频

气质的发展

三、气质与早期教育

研究表明,气质对婴幼儿认知发展、情绪控制和行为调节等方面的发展均具有有效的预测作用。高度活跃的婴幼儿善于和小朋友交往,但也比其他婴幼儿更容易卷进冲突;情绪敏感、容易激动的婴幼儿更容易产生打人、抢玩具等行为;害羞、内向的婴幼儿更多是看着他们的同伴,多采取阻碍交往的行为,往往是推他们的同伴或很少同他们说话;易怒和冲动的婴幼儿更容易出现侵犯性和攻击性行为。

抚育困难型婴幼儿的父母从一开始就面临着早期教养和亲子关系的问题。为了使婴幼儿抚养和家庭生活的正常秩序能够维持下去,家长们必须处理很多棘手的问题,如怎样适应这类婴幼儿的生活不规律、适应慢的特点,怎样对待和调教婴幼儿的烦躁、易哭闹等行为。如果家长在教养婴幼儿时不一致,没有耐心或经常性地斥责、惩罚婴幼儿,那么这些婴幼儿比其他类型的婴幼儿更容易表现得烦躁、抵触、易怒和消沉。只有热情、耐心、充满关爱地对待这些婴幼儿,全面考虑他们的气质特点,积极采取适合于其特点的、有针对性的措施和方式,才能使这些婴幼儿健康发展。

对发育缓慢型婴幼儿教养的关键,在于让他们按照自己的速度和特点去适应环境,顺其自然。如果给他们施加压力以催促其尽快地适应环境,则只会强化或诱导其本能的反应倾向——回避。而另一方面,他们也确实需要鼓励或机会去尝试新经验、适应新环境,但需要成人在其中给予热情帮助与具体指导,只有这样,他们才能更好地适应。

婴幼儿作为正在发展中的独特个体,各自拥有鲜明的气质特征和理解力水平,这些内在差异深刻影响着他们的行为反应和学习模式。当成人设定的期望与婴幼儿的气质特点或认知能力不匹配时,孩子可能会面临难以承受的心理压力。因此,作为儿童心理学的专业人士,我们强调成人必须深入洞察并尊重每个孩子的独特性,明确了解他们的能力边界和潜在倾向。

例如,对于天性活泼、活动量大的婴幼儿,我们不能不切实际地期望他们长时间保持静止;对于性格倔强、偏好自主的孩子,我们应尊重他们的个人空间,避免频繁打断其活动流程;而对于发展节奏较慢、适应新环境需要时间的孩子,则不应急于求成,强迫他们迅速完成某项任务。

总之,每个婴幼儿都是带着独一无二的气质来到这个世界上的,气质无好坏之分。成人所要做的就是提供适合婴幼儿发展的环境,给他们以成长的力量,帮助他们迎接未来的挑战。

育儿宝典

如何应对害羞的宝宝

1. 让孩子感受生活中的美好

经常带孩子走出家门,让他多和其他人接触,告诉孩子和他人一起玩耍是很愉快的事情。引导他和小朋友一起用餐,一起滑滑梯,一起玩积木等。还可以带孩子去参加唱歌、跳舞、讲故事等比赛,让孩子克服害羞的心理,尽情地展现自己。

2. 不要大惊小怪进行强化

父母首先要做的是不要认为害羞是个严重的问题。如果孩子执意不愿意和别人打招呼,父母也不要一个劲地要求孩子做,更不要经常对孩子说"你真是个害羞的孩子"。甚至拿他和其他孩子做比较,比如"你看某某小朋友多好,多有礼貌,你为什么不是这样?你真不乖!"如果父母长期将"害羞"这个词定格在孩子身上,就会让孩子产生一种强烈的心理暗示,认为自己就是害羞的人。

3. 给孩子充足的时间做准备

对于害羞的孩子,父母要多花一些时间陪他说话,让他适应和别人的交往。每次带孩子和其他小朋友玩之前,不要一再催促孩子"今天你可要记得和别人打招呼"之类的。这样不但会加重孩子的心理负担,还会使他产生逆反心理。如果临走前孩子不愿意说再见,你可以对孩子这样说:"妈妈知道你还没有准备好说再见,是吗?没关系,我们下次再说。"这样会减缓孩子紧张的心理。

4. 循序渐进地表扬

每当孩子在社交方面有所进步时,父母都应当给予他及时的表扬和鼓励。应当注意的是:表扬应该循序渐进,言语要尽量自然亲切。过多的表扬只会加重孩子的心理负担,引起他不必要的畏惧情绪。

5. 父母是最好的老师

每个人都不是一出生就会与他人相处的,社交经验需要一点点地积累。当孩子不再拒绝和他人交往的时候,父母应该进一步鼓励孩子,并告诉他最基本的社交礼仪,如打招呼时声音要清晰,眼睛要看着对方,等等。父母是孩子最好的老师,以身作则才能培养出礼貌、大方的孩子。

6. 和其他孩子一起玩耍

如果附近有幼儿园或者有孩子聚集玩耍的地方,父母不妨多带孩子一起加入。这能让孩子充分感受和其他同龄小伙伴玩耍的乐趣。开始孩子可能会寸步不离地跟着你,慢慢地他就会试着加入孩子们的队伍。不过如果孩子想走,一定不要勉强他继续待下去,让孩子感觉轻松自然,有利于缓解他的羞涩。

7. 多做社交游戏

比如,父母和孩子可以模拟一次购物,家长做店主,孩子做顾客,反过来也可以。或者做行人向警察问路的游戏。这一类游戏,可以让孩子熟悉生活中遇到的种种社交场景,孩子也能学到更多社交礼仪,从而变得大胆。

8. 不要想着完全改变孩子的个性

每个孩子都是不一样的。个性有时候是天生的。内向害羞只要不影响他与社会正常的交流和沟通,也无大碍。因此在引导害羞的孩子时,父母不要老想着完全改变他的个性,那是不太现实的。只要父母慢慢用正确的方式引导,创设融洽的家庭环境,就会让孩子变得更自信。

任务思考

1. 简述婴幼儿气质的类型和特点。
2. 简述气质对早期教养和婴幼儿发展的意义。
3. 结合实际谈谈照护者如何有针对性地对待不同气质类型的婴幼儿。

任务三　分析婴幼儿自我意识的发展

案例导入

有一天,妈妈带着两岁的儿子(乳名叫"狗狗")到公园玩,玩得正高兴,忽然不远处有个人在叫"狗狗",于是这个名叫"狗狗"的孩子望向他,开心得手舞足蹈,结果那人朝着男孩旁边走去,原来,在这个叫"狗狗"的男孩旁边蹲着一只小狗。

这个事件是不是让你感觉很有趣?从该事件中我们可以看出,当叫两岁幼儿的名字时,他已经能够有所回应,这就是"自我意识"的萌芽,那么,作为人类个体,究竟是什么时候开始具有自我意识?其发展趋势如何?作为家长和教师又该如何培养婴幼儿的自我意识呢?

在该任务中,你需要了解婴幼儿自我意识的发生与发展内容,理解婴幼儿自我意识发展的特点,掌握启蒙婴幼儿自我意识的方法;能够分析、评价不同年龄阶段婴幼儿的自我意识发展水平,并提出适宜的促进婴幼儿自我意识发展的策略。

自我意识也称自我,指的是个体对自己的各种身心状态的认识、体验和愿望。自我意识是个体社会化的结果,是婴幼儿社会化的重要组成部分,是衡量个性成熟水平的标志。自我意识是一个很广泛的概念,从形式上看,自我意识表现为认知的、情感的、意志的三种形式,分别称为自我认识、自我体验和自我调控。自我认识是指一个人对自己各种身心状况的认识;自我体验在自我认识的基础上产生,反映个体对自己所持的态度;自我调控指个体对自己心理活动和行为的调节与控制。自我认识是自我体验和自我调控的前提。

一、0～1岁婴儿的自我意识发展

威廉·詹姆士把自我分为主体我与客体我这两个联系着的部分。主体我是在主体内、在主观上构成的自我,主体我体验着自己的身体、心理和关系。客体我是对主体作为客观存在的个体来认识的自我,是个体在与环境、他人之间的运作中产生的。客体我又是社会自我,是通过社会折射而产生的。个体通过社会交往,可发现他人对自己的外表、举止、目标、个性等各方面的评价,从而导致对自我的认知。

迪克逊在 1975 年观察了 5 名 4~12 个月婴儿的镜像反应,记录了婴儿的微笑、语声和触摸等活动。还进行了婴儿对自己镜像、母亲镜像和另一儿童镜像的比较。根据结果,婴儿的自我认知分为 4 个阶段。[①]

(1)"妈妈"阶段　发生在婴儿 4 个月左右,表现为对妈妈而不是对自己的镜像感兴趣,如对妈妈的镜像微笑、观看和发出咿呀语声。

(2)"同伴"阶段　发生在 4~6 个月,表现为对自己的镜像与对游戏同伴的动作行为相类似,即把自己的镜像当作另一个可与之打交道的同伴一样来对待。

(3)"伴随行动"阶段　在 7~12 个月之间,婴儿会模仿自己的镜像动作而做出相同动作。例如,婴儿看见自己张嘴巴的镜像,而后也会做出张嘴巴的动作。这表明婴儿开始意识到动作是由自己发起的。

(4)"主体我"阶段　1 岁婴儿能够把对自己镜像的重复动作同其他婴儿的玩耍区分开来。开始对自己的镜像感兴趣。

第 1、2 阶段完全没有显示任何主体我的迹象。第 3 阶段婴儿对自己镜像的重复动作尚处在模仿行为和主体我反应之间,或许可以认为是主体我的萌芽时期。主体我的萌芽也意味着婴儿产生了明显的自我觉知。1 岁后幼儿学会按要求指出自己的鼻子、眼睛等位置,表明已有了初步的主体我。婴儿从不能把自己作为一个主体同周围的客体区分开,到知道手脚等部位是自己身体的一部分,这是自我意识的最初级形式。

二、1~2 岁幼儿的自我意识发展

这一阶段的幼儿大多学会了走路,行动能力的增强为他们探索周围的环境提供了便利的条件。幼儿学会走路以后,往往通过一定的动作如踢动地上的皮球、按台灯的开关等来感受自己的力量。他们也非常喜欢触摸身边的物品,通过触摸获得的感受,帮助幼儿逐渐意识自己与其他人或事物是有区别的。随着自我意识和行动能力的发展,幼儿独立的愿望越来越强烈,开始有了自己的主张,比如吃饭的时候幼儿会执意自己拿勺子,尽管他把饭撒得到处都是,却拒绝成人喂饭。

阿姆斯特丹(1972)和路易斯(1979)先后使用了"红点子"方法来解释婴幼儿自我认知是如何得到的。路易斯在测试中发现,给 9~24 个月婴幼儿的鼻子涂上红点子后,婴幼儿都表现出更多的自我指向行为。他们对镜像微笑、抚摸自己的身体、发出语声等,说明婴幼儿已能意识到自己身体特征的一些变化。然而只有到 15 个月,幼儿才出现直接触摸自己鼻子上的红点子(见表 4-3-1)。对此路易斯认为,15 个月是幼儿客体我发展的转折点。

表 4-3-1　婴幼儿看见镜中的自己后微笑、触摸自己鼻子的百分比

婴幼儿行为	情形　　月龄	9	12	15	18	21	24
微笑	没涂红点时	86	94	88	56	63	60
	涂了红点时	99	74	88	75	82	60

① 孟昭兰.婴儿心理学[M].北京大学出版社,1997.

婴幼儿行为	月龄情形	9	12	15	18	21	24
摸鼻子	没涂红点时	0	0	0	6	7	7
	涂了红点时	0	0	19	25	70	73

苏珊·哈特(1983)概括、总结了大量的有关婴幼儿自我意识发展的研究,提出了一个婴幼儿主体我和客体我的发展模式,为人们所普遍接受。她把婴幼儿主体我和客体我的发展分为五个阶段,前两个阶段属于主体我的发展,第三个阶段属于主体我到客体我的过渡发展,而最后两个阶段则属于客体我的发展。

第一阶段:5～8个月。这一时期的婴儿显示出了对镜像的兴趣。当镜中出现某一形象时,他们可能注视它,趋近它,抚摸它,向它微笑,并牙牙作声。但这些行为表现,与在镜中出现自己的形象时并没有什么两样,这说明婴儿还没有把自己作为镜像的源泉看待,没有认识到自己和他人的差别。简言之,婴儿的主体我还没有开始发生。

第二阶段:9～12个月。婴儿表现出了对自己作为活动主体的认识。这表现在他们认识到了自己是镜像动作的源泉,这种认识主要是根据自己的行为动作和镜像行为动作间的一致性来实现的。这阶段产生了初步的主体我。

第三阶段:12～15个月。幼儿的主体得到明确发展。他们开始能够区分由自己所产生的运动和由他人所产生的运动的区别,对运动的源泉和起因能做出明确的认知,这清楚地说明了幼儿已能将自己和他人区分开。

第四阶段:15～18个月。幼儿开始能把自己作为客体来认知。表现在对客体特征(红鼻头镜像)与主体(幼儿自己)的联系上,认识到客体特征来自主体,对主体某些特征有了稳定的认识,反映了在客体水平上的自我认知。

第五阶段:18～24个月。幼儿已具有了用语言表示自我的能力,如使用代词("我""你")表示自我与他人。幼儿在此年龄已经能意识到自己的独特特征,能从客体(如照片)中认识自己,用语言标定自己,表明已具有明确的客体我。

综上所述,婴幼儿的自我认知能力是在与外界客体(在实验中把镜像作为客体)相互作用中产生的。15个月以后的幼儿已开始知道自己的形象,把自己作为一个独立的个体来看待。

三、2～3岁幼儿的自我意识发展

2～3岁幼儿的自我意识迅速发展,开始进入了心理上的"第一反抗期"。家长们会发现这一时期的幼儿特别难带,因为他们可能会很不听话,"不好""不要"等变成了他们的口头禅,还老和家长对着干。随着幼儿对自我认识的加深,他们知道自己的全名,会用"我"来表示自己。在他的大脑中会形成"我的""我自己的"等意识概念,认为一切他喜欢的东西都归自己所有,甚至与同伴争抢东西。这一阶段,幼儿也知道自己的性别,倾向于玩属于自己性别的玩具和参加属于自己性别群体的活动。会表现出"骄傲、羞愧、嫉妒"等复杂的自我意识,以上这些都是幼儿建立"自我"的过程中表现出来的特点。

由此可见,自我意识的真正出现,是和幼儿言语的发展相联系的,掌握代名词"我"是自我意识萌芽的最重要标志,准确使用"我"来表达愿望时,这标志着幼儿的自我意识产生。幼儿自我意识的发生和发展,为自我评价和自我调控的出现奠定了基础。

视频

自我意识的发展

自我评价在2～3岁时开始出现，幼儿自我评价的发展，与幼儿认知和情绪情感的发展密切相关。这一阶段幼儿还没有独立的自我评价，他们的自我评价常常依赖于成人对他们的评价。并且他们会不加考虑地轻信成人对自己的评价，所谓的自我评价只是对成人评价的简单重复。

幼儿自我调控最典型的表现就是对母亲指令的服从。在1～1.5岁时，幼儿开始慢慢意识到父母的期望，并且能听从简单的命令和要求。但幼儿自我调控的能力总体是比较弱的，他们的延迟满足能力较差，无法延迟获得自己喜爱的东西。例如，想要得到妈妈的拥抱、香甜的糖果、心爱的玩具等，否则就会大声哭闹来表示抗议。但自我调控的出现，说明幼儿开始准备学习社会生活的规则，这一能力将随着自我意识的进一步发展而增强。

四、促进0～3岁婴幼儿自我意识发展的策略

自我意识是个体全部内心世界的总和，也是人格的核心部分，对个体人格的发展和塑造起着至关重要的作用。婴幼儿时期是自我意识形成和发展的重要阶段。自我意识的发展能让婴幼儿正确、客观地认识自己，同时正确认识别人。积极的自我意识对婴幼儿的个性、社会交往的发展具有重要的意义。在此过程中，婴幼儿会逐渐形成独立、主动、自尊、自信等性格特征。那么，应如何促进婴幼儿发展健全的、积极的自我意识呢？

（一）在游戏中促进自我认识的发生

婴幼儿认识自我的过程是可以促进的，这在很大程度上取决于外界对婴幼儿的刺激，这些刺激可以通过游戏来实现。

例如，经常带领婴幼儿做"认识我自己"的游戏。根据婴幼儿自我意识发展的规律，他们对自己的了解是从身体开始的。家长在与他们日常互动的过程中，可以通过游戏的方式帮助他们了解自己的身体。当婴幼儿躺着的时候，成人可以有意识地触动她的小手小脚，通过碰触刺激手部脚部的肌肉，引起他们相应的动作，有利于中枢神经的发育，让他们意识到自己四肢的存在，也可以使婴幼儿获得愉悦的感受。当抱着婴幼儿站在镜子前，可让他们照一会儿，然后把镜子拿走，再照一会儿，再拿走，如此反复。每次照镜子时都对婴幼儿说："宝宝，你看，谁在镜子里呀？是宝宝在里面。"也可以对着镜子给婴幼儿"化妆"，如在镜子前给婴幼儿戴帽子，拉着他们的手摸摸帽子，摸摸自己的五官，对着镜子给婴幼儿的鼻子上点个红点，再给他柔软的纸巾，说："宝宝把红点擦掉。"开始他很可能去擦镜子里"宝宝"的红点，不要去纠正他，让他去擦镜子，如果擦不掉，再示意他擦自己的脸。反复这样做，婴幼儿就逐渐会区分真实的自己和镜子里的自己。

（二）鼓励婴幼儿自己动手并适当表扬

1岁以后幼儿的自主性开始发展，他们开始要求自己做事，如自己拿勺子吃饭、自己洗手等。虽然他们做得不好，却乐此不疲。成人应该支持幼儿的这种独立意识，保护他们的主动性，多给他们提供自己做决定的机会，鼓励他做力所能及的事情。对成人而言，常犯的一个错误就是认为幼儿太小，做不好，因此对他们出现的一些"想要自己做"的要求置之不理，而将他们想做的事情全都包揽过来。时间一长，婴幼儿可能就会习惯让父母帮他做任何事。所以，尽管婴幼儿开始的表现往往不尽如人意，家长一定要有耐心，要相信幼儿有能力学会并完成事情。在培养幼儿的独立自主的能力时，家长要经常运用有效表扬的方式来强化儿童的行为。在表扬时，要注意表扬的焦点应集中在某些特定的事情上，如"哇！我看见你非常认真地擦桌

子"等。

2～3岁时,幼儿的自尊心开始发展,他们会通过各种方式来展示自己,希望得到成人的肯定和表扬,在受到夸奖时会感到高兴。成人应该用欣赏的眼光看待幼儿。要注意保护幼儿的自尊心,善于运用激励性、肯定性、尊重性的语气和幼儿对话,不断引导他们体验成功,在成功的体验中幼儿的自我意识就会不断增强。

(三)为婴幼儿创设同伴交往的机会

婴幼儿在出生后的头两年里,虽然主要与其家人交往,但事实上也已经开始了同伴间的相互交往。现代社会经济高速发展的同时也带来了一些弊端,如高楼的居住环境使婴幼儿交往范围缩小,加上大部分家庭都是独生子女,使婴幼儿缺少同伴交往的机会。而同伴关系对婴幼儿个性、自我意识的形成及今后的发展都有微妙而巨大的影响。例如,婴幼儿在同伴交往中的地位及其早期互动关系的建立,都会影响其自我意识的形成。因此家长应有意识地给婴幼儿创造一些与同伴交往的机会,如与邻居的同龄幼儿、与亲戚的同龄幼儿定期活动。同伴带给婴幼儿的影响和成人是完全不同的,在与同伴的友好相处中,婴幼儿会学习体验他人的感受,理解他人的想法,从别人的角度想问题,学会考虑自己的举动对别人的影响,正确认识自己、评价自己,从而实现自我调节。

育儿宝典

如何正面引导孩子度过"第一反抗期"

2～3岁是孩子的"第一反抗期",他们开始表现出强烈的自我意识,喜欢说不,拒绝听指令,甚至故意和父母对着干。面对这种情况,简单压制或放任都不利于孩子的成长。家长需要理解孩子行为背后的心理需求,采取科学的引导方式,帮助孩子顺利度过这一关键发展阶段。

1. 赋予选择权,满足自主需求

这个阶段的孩子渴望掌控感,家长可以适当放权,在安全范围内让孩子自己做决定。比如孩子坚持自己吃饭,即使会弄脏衣服,也要给予尝试的机会,并适时鼓励:"宝宝自己会用勺子啦,吃得真好!"这种尊重能减少对抗,培养孩子的独立性。

2. 巧用选择式提问,减少直接冲突

避免让孩子陷入"要或不要"的二选一困境,而是提供有限选择。例如:把"现在洗澡好吗?"改为"你想用小鸭子玩具洗澡,还是用泡泡浴?"把"穿这件衣服"换成"今天想穿红色还是蓝色的外套?"这种方式既给了孩子自主权,又能让家长达到引导目的。

3. 减少否定语,多用正向引导

频繁说"不行""不准"会强化孩子的反抗心理。建议把"不能扔玩具"转化为"玩具轻轻放,这样不会坏"。把"不许大喊"改成"我们试试像小猫咪一样小声说话"。对于危险行为(如碰插座),则要用坚定清晰的指令:"这个危险,不能碰!"

4. 教孩子用语言表达情绪

孩子发脾气往往是因为无法用语言表达需求。家长要帮助孩子命名情绪:"你是因为积木倒了所以生气吗?"然后示范正确表达:"下次可以说'请妈妈帮我',而不是扔玩具。"也可以通过绘本、游戏等方式,教孩子认识和管理情绪。

5. 提前预告,给孩子心理缓冲

突然终止活动容易引发反抗。建议外出游玩时提前就约定好时间:"我们再玩10分钟就回家。"临近结束时提醒:"还有5分钟哦,你想最后玩哪个项目?"使用可视化工具,如沙漏、计时器帮助孩子理解时间。

6. 安全底线必须坚守

对于涉及安全的原则问题(如触碰危险物品、过马路等),家长必须立即制止,然后态度坚决简短解释原因,例如,"烫,会疼""危险,会摔倒"。也可以提供替代活动,如"不能玩刀子,来帮妈妈撕包菜吧!"

这个阶段的孩子虽然看似叛逆,实则是在探索自我和世界的边界。家长应保持耐心,用智慧化解冲突,这样既能保护孩子的自主意识,又能帮助他们建立必要的行为规范。记住,温和而坚定的引导,远比简单粗暴的压制更有效。

任务思考

1. 名词解释:自我意识。
2. 简述苏珊·哈特有关婴幼儿主体我和客体我的发展模式的内容。
3. 简述如何促进婴幼儿自我意识的发生发展。

任务四　分析婴幼儿的社会交往

案例导入

小雨使劲地拉着豆豆的衣服,想和他玩。豆豆哭着说:"老师,他欺负我。"这时,小王老师走过来,对小雨说:"要跟小朋友好好玩,不要欺负小朋友。"王老师的这种做法对吗?照护者该如何正确引导婴幼儿进行同伴交往呢?

在该任务中,你需要了解婴幼儿社会交往的内容,理解婴幼儿社会交往发展的特点;能够分析、评价不同年龄阶段婴幼儿的社会交往发展水平,并提出适宜的促进婴幼儿社会交往发展的策略。

婴幼儿只有在与人交往、相互作用的过程中,才能逐步发展起其心理能力和社会性。而对于婴幼儿来说,最主要的社会交往就是在与父母、同伴和其他照护者的互动中产生的,他们对婴幼儿的心理发展起着重大影响。

一、0~1岁婴儿的社会交往发展

(一) 以母婴交往为主

1. 母婴交往的作用

母亲作为婴儿的主要抚养者,在婴儿早期的社会性交往中占据核心地位。母亲不仅是婴儿生理需求的满足者,更是其心理和社会性发展的引导者和支持者。

首先,母婴交往是婴儿认知能力发展的首要基础。在与母亲的互动中,婴儿从无到有、从不会到会,逐步习得大量日常生活知识,认识周围物体,掌握初步的操作能力,并形成基础的思考习惯和提问能力。同时,母亲的语言输入对婴儿语言发展具有显著影响。母子间的语言互动最为频繁和丰富,这种高质量的言语交流为婴儿语言能力的提升提供了强有力的支持和引导。

其次,母亲在婴儿情绪情感的丰富与健康发展中扮演着关键角色。母亲通过日常照料和抚育,为婴儿提供了最丰富的情感刺激和反应,帮助婴儿学会表达和理解情绪。母亲的情感表达和行为示范,为婴儿情感发展提供了重要的参照和榜样。

最后,母婴交往也是婴儿社会性行为和社会交往能力发展的基石。在与婴儿的互动中,母亲通过言语教导、行为示范、反馈评价等方式,为婴儿提供了大量的观察、模仿和实践机会。母亲在日常生活中给予的具体帮助、鼓励和指导,帮助婴儿逐步掌握社会交往的基本技能,为其未来的人际关系发展奠定基础。

2. 母婴依恋

依恋是由鲍尔比最先提出的一个心理概念,是指婴儿与母亲(或能够代替母亲的人)之间所形成的特殊的情感联结。[①] 这种联结表现为婴儿对抚养者的强烈依赖和亲近倾向,以及在面对压力、陌生环境或分离时,婴儿会主动寻求抚养者的安慰和保护。根据鲍尔比的理论,婴儿期的依恋行为可以分为以下三个阶段。[②]

(1)无差别的社会反应阶段(出生~3个月)

这个时期婴儿对人反应的最大特点即是不加区分,无差别。婴儿对所有人的反应几乎都是一样的,喜欢所有的人,喜欢听到所有人的声音,注视所有人的脸,看到人的脸或听到人的声音都会微笑、手舞足蹈。同时,所有的人对婴儿的影响也是一样的,他们与婴儿的接触,如抱他、对他说话,都能使之高兴、兴奋,同时感到愉快、满足。此时的婴儿还未有对任何人——包括母亲的偏爱。

(2)有差别的社会反应阶段(3~6个月)

这时婴儿对人的反应有了区别,对母亲更为偏爱。婴儿对母亲和他所熟悉的人及陌生人的反应是不同的。这时婴儿在母亲面前表现出更多的微笑、咿呀学语、依偎、接近。而在其他熟悉的人如其他家庭成员面前这些反应就要相对少一些,对陌生人这些反应则更少,但是依然有这些反应。这个阶段婴儿也不怕生。

(3)特殊的情感联结阶段(6个月~1岁)

从6~7个月起,婴儿进一步展示出对母亲的依赖与亲近,特别愿意与母亲在一起。同时,只要母亲在他身边,婴儿就能安心地玩、探索周围环境。与此同时,婴儿对陌生人的态度变化很大,见到陌生人,大多不再微笑、咿呀作语,而是表现出紧张、恐惧甚至哭泣、大喊大叫。

3. 母婴依恋的类型

在对母婴依恋的研究中,最著名也最有影响的是安斯沃斯的"陌生情境"实验。根据实验结果,安斯沃斯将母婴依恋的类型分为以下三种类型:安全型依恋、回避型依恋、反抗型依恋。

(1)**安全型依恋** 这类婴儿与母亲在一起时,能安静地玩弄玩具,并不总是依偎在母亲身旁,只是偶尔需要靠近或接触母亲,更多的是用眼睛看母亲、对母亲微笑或与母亲有距离交谈。

视频
依恋的表现与发展

视频
依恋的类型

---

① 周念丽. 学前儿童发展心理学(修订版)[M]. 2 版. 上海:华东师范大学出版社,2006.
② 庞丽娟,李辉. 婴儿心理学[M]. 杭州:浙江教育出版社,1993.

母亲在场使婴儿感到足够的安全,能在陌生的环境中进行积极的探索和操作,对陌生人的反应也比较积极。当母亲离开时,其操作、探索行为会受到影响,婴儿明显地表现出苦恼、不安,想寻找母亲回来。当母亲回来时,婴儿会立即寻求与母亲的接触,并很容易抚慰、平静下来,继续去做游戏。这类婴儿约占65%~70%。

(2)回避性依恋 这类婴儿对母亲在不在场都无所谓,母亲离开时,他们并不表现出反抗、紧张、不安;当母亲回来时,也往往不予理会,自己玩自己的。有时也会欢迎母亲回来,但只是非常短暂的,接近一下就又走开了。因此,实际上这类婴儿对母亲并无形成特别密切的感情联结,所以,有人也把这类婴儿称作"无依恋婴儿"。这类婴儿约占20%。

(3)反抗型依恋 这类婴儿每当母亲将要离开时就显得很警惕,当母亲离开时表现得非常苦恼、极度反抗,任何一次短暂的分离都会引起大喊大叫。但是当母亲回来时,他对母亲的态度又是矛盾的,既寻求与母亲的接触,但同时又反抗与母亲的接触,当母亲亲近他时,会生气地拒绝、推开。但是要他重新回去自己做游戏却又不太容易,不时地朝母亲这里看。所以,这种类型又常被称为"矛盾性依恋"。这类婴儿约占10%~15%。

上述三类依恋中安全性依恋为良好、积极的依恋,回避性和反抗性依恋又称不安全性依恋,是消极、不良的依恋。

(二) 形成同伴意识

1岁以内的婴儿并没有真正意义上的同伴交往。当与同龄的婴儿相处时,2个月左右的婴儿能够注视同伴;3~6个月的婴儿能相互触摸和观望。但是婴儿的这些反应并不具有真正的社会化性质,他们可能仅仅是把同伴当作物体或活的玩具(如抓对方的头发、鼻子),这时的行为往往是单向的。

6个月~1岁,婴儿的同伴交往处在以客体为中心阶段。在这个阶段,婴儿之间通常直接用表情和动作进行交往,如微笑注视对方,而对方也常模仿这种方式将信息返回。9个月以后,婴儿之间彼此注视的时间增长,微笑、手指动作等常会得到游戏伙伴的连续反应和模仿。这一阶段虽没有真正意义上的同伴交往,但为后续的合作性同伴活动奠定了基础。

二、1~2岁幼儿的社会交往发展

这一阶段的母婴依恋关系仍然处在特殊的情感联结阶段,但婴幼儿对陌生人的排斥程度减轻。比起在第一年里母亲所占据的不可替代的地位,1岁以后,随着幼儿交往能力的增强,其社会交往的范围不断扩大。这一阶段,幼儿和其他抚养人的互动增多,同伴关系也逐渐得到发展。

(一) 父婴交往的重要性

一般来说,父亲参与抚育子女的时间少于母亲。但有关研究发现,父亲与母亲具有同样的敏感、慈爱和技能,能够对婴幼儿发出的情绪和活动信号作出积极的关切和有效的反应。因此,父亲完全有能力和责任承担对婴幼儿日常的照料,与之进行有效的交往。

父亲对婴幼儿在多方面的发展均会产生影响。一是父亲会影响婴幼儿性别意识的形成。父亲与婴幼儿的交往,有助于婴幼儿对男性和女性的作用与态度产生理解。二是父亲会影响婴幼儿个性品质的形成。由于父亲引导婴幼儿参与的游戏往往较多是运动性的、技术性的和智能性的,父亲较多以他们固有的男性特征(自信、勇敢、合作、冒险)影响婴幼儿。三是父亲会影响婴幼儿认知的发展。婴幼儿经常从母亲那里学到语言、生活知识或物品用途等方面的知识,而父亲经常通过技能操作,诸如修理车辆、机械、使用工具等活动,使得婴幼儿对动手操作感兴趣,激发婴幼儿的探索精神、想象力和创造性,以及求知倾向。四是父亲会影响婴幼儿社会行为。父亲往往能扩大婴幼儿的社会活动范围和社交内容,影响婴幼儿的社交兴趣和需要。

(二) 同伴关系萌芽期

1. 以自我为中心

该阶段幼儿处于皮亚杰认知发展理论中的"前运算阶段",思维具有自我中心性,难以区分自我与他人需求。在同伴交往中,这种认知特点常表现为直接争夺玩具、推挤同伴等冲突行为。例如当两个幼儿同时看中同一辆玩具车时,会直接上手抢夺而非协商轮流。值得注意的是,此类冲突虽频繁但具有情境特异性,通常随着环境刺激转移(如新玩具出现)或成人简单干预(如提供替代物)而快速消解。

2. 由平行游戏向初级交往互动过渡

幼儿虽多进行互不干扰的平行游戏,但已出现社交性观察的萌芽。他们能注意到同伴的游戏方式并尝试模仿,如看到同伴用积木叠高,会同步模仿该动作。随着精细动作发展,开始出现简单互动:用单个词汇配合手势提出需求("给我"),或通过观察同伴反应调整自身行为。教育者应创设多材料共享空间,鼓励幼儿自然产生互动契机,而非强制合作。

3. 原始情感表达与依恋依赖

该阶段幼儿情绪识别能力发展迅速,能明确区分快乐、愤怒等基本情绪,并通过夸张的表情和肢体动作表达。如被抢玩具时会用推人、摔物品等攻击性行为表达愤怒。同时表现出对成人的强烈依恋,遇挫时立即寻求成人怀抱或帮助。成人需先接纳情绪("你生气了是吗?"),再引导解决("我们可以怎么做呢?"),逐步培养其情绪调节能力。

4. 社交能力分化与个性化发展

受气质类型和家庭教养方式影响,幼儿社交表现呈现显著差异。外向型幼儿能主动发起互动,用分享食物等方式吸引同伴;内向型幼儿则倾向于旁观学习。社交技能发展呈现阶梯式特征:18 个月左右开始理解"轮流"概念,24 个月能执行简单分享行为。成人需实施差异化支持:对活跃幼儿提供合作游戏机会,对谨慎幼儿给予观察缓冲期,避免统一化要求。

三、2～3 岁幼儿的社会交往发展

(一) 母婴关系稳定

鲍尔比的依恋理论认为,2 岁后幼儿的母婴依恋处于目标调整的伙伴关系阶段。此时,幼儿能认识并理解母亲的情感、需要、愿望,知道她爱自己,不会抛弃自己,并知道交往时应考虑她的需要和兴趣,据此调整自己的情绪和行为反应。这时,幼儿把母亲作为一个交往的伙伴,并认识到她有自己的需要和愿望,交往时双方都应考虑对方的需要,并适当调整自己的目标,这时与母亲的空间上的邻近性逐渐变得不那么重要。比如,当母亲需要干别的事情而离开一段距离时,幼儿会表现出能理解,而不会大声哭闹,他可以自己较快乐地在那儿玩或通过言语与母亲交谈,相信一会儿母亲肯定会回来。这种母婴关系比起 2 岁之前更加稳定,在此基础上,他们开始更多地探索外部世界,并尝试与他人建立关系。

(二) 建立同伴友谊

2～3 岁时,幼儿开始与同伴建立友谊。比起仅仅是认识的人之间的游戏,与同伴间的社会游戏更积极、有更多的情感表达和相互赞许。有研究指出,2～3岁幼儿的同伴关系处在互补性交往阶段。这一阶段的同伴互动主要表现出以下5个特点。

(1)互动行为的复杂性增加　幼儿之间不再仅仅是简单的模仿和应答,而是开始出现了互动或互补的角色关系。例如,"追赶者"和"逃跑者","躲藏者"和"寻找者","给予者"和"接受者"等,这些角色关系的出现标志着幼儿社交能力的进一步提升。

(2)模仿行为的增多　在互补性交往阶段,幼儿对他人行为的模仿变得更为常见。他们不仅模仿同伴的动作,还可能模仿同伴的语言和表情,从而加深对同伴行为的理解和模仿能力。

(3)积极性社交表情的伴随　当积极性的社会交往发生时,幼儿常伴有微笑、出声或其他恰当的积极性表情。这些表情不仅是幼儿情绪的外在表现,也是他们与同伴进行社交互动的重要方式。

(4)社交技能的发展　在这一阶段,幼儿开始学会如何与他人分享玩具、如何轮流玩耍,以及如何解决简单的冲突。这些社交技能的发展为他们未来的社交生活奠定了坚实的基础。

(5)出现很多亲社会行为　例如,3岁的幼儿可能会为了朋友而去做一件乏味的工作,对朋友的沮丧表达同情,并能够尝试安慰朋友。2～3岁的幼儿在面对陌生情境时,如果有同伴的陪伴,将会降低对不确定情境的恐惧。

总的来说,幼儿同伴关系的互补性交往阶段是他们社交能力发展的重要时期。通过这一阶段的互动和学习,幼儿逐渐掌握了更复杂的社交技能,为未来的社交生活做好了准备。

(三)托育机构师幼关系

师幼关系作为婴幼儿在托育机构中建立的首个社会性人际关系,其本质是以情感联结为纽带,通过日常互动形成的心理联结。这种关系具有双重影响:既承载着婴幼儿对家庭依恋的情感迁移,又塑造着其未来人际互动的模板。研究表明,优质的师幼关系能提升婴幼儿的环境适应能力,降低行为问题发生率,同时为认知发展奠定安全基底。

婴幼儿离开家庭进入托育机构,对于他们来说托育机构是全新的陌生环境,照护者也是陌生的对象,往往会产生分离焦虑。有些婴幼儿的分离焦虑症状比较严重,会出现大哭大闹、情绪易怒、注意力难转移等现象;而有些婴幼儿的分离焦虑没有较为明显的反抗行为,但对托育机构的人、物的兴趣不高,较难融入集体。他们都需要良好的师幼关系来支持积极情绪的发展。婴幼儿会对自己的主要照护者产生类似依恋的情感,随着婴幼儿对托育机构和照护者的适应,他们对托育机构也会建立基本的归属感。在这种情况下,婴幼儿开始学习良好的习惯和行为。

不同依恋类型的婴幼儿进入托幼机构后,在与教师的交往互动中,呈现差异化适应轨迹。

1. 安全型依恋

安全型依恋的婴幼儿在入托初期(通常1～2周)会表现出典型的分离反应:在父母离开时短暂哭闹,在教师安抚下情绪逐渐平复。这类幼儿具有"弹性适应"特征:当教师敏锐捕捉其需求信号(如瘪嘴、眼神求助),并及时给予生理满足(更换尿布)或情感回应(拥抱安抚),他们能较快将家庭中的安全依恋模式迁移到托育环境。典型行为包括:在教师陪伴下主动探索新玩具,遇到挑战时回头寻求教师鼓励的眼神接触。这种快速适应源于其内在工作模型的稳定性——相信照护者是可靠的情感支持源。教师可采用"渐进式放手"策略:首周保持1米内距离随时响应,第二周逐步延长至 2 米观察半径,帮助其建立自主探索的信心(图 4 - 4 - 1)。

2. 焦虑型依恋

焦虑型依恋的婴幼儿在整个适应期(可能持续 4～6 周)持续表现出"雷达式"关注需求:教师离开视线即大声呼唤,参与活动时频繁回头确认位置,午睡时紧攥教师衣角。这种行为背后是矛盾型依恋的心理机制——既渴望亲近又害怕被拒绝。家庭环境中可能经历照料者的不稳定回应(如有时及时回应,有时忽视需求),导致其发展出过度依赖的适应策略。教师需建立"可预测互动节奏":如每次如厕后固定给予击掌鼓励,户外活动前预告返回时间,通过重复性行为模式帮助其建立安全感。

图 4 - 4 - 1　幼儿在教师的引导下自由探索

3. 回避型依恋

回避型依恋的婴幼儿表面展现出"早熟"的独立:入园时安静坐在角落观察,教师主动交流时眼神回避,被抱起来时身体僵硬。这种表面独立实质是情感隔离的防御机制,往往源于早期照料者的情感忽视或侵入性照顾。教师需要采取"非侵入式关注"策略:保持 1.5 米社交距离,通过平行游戏(如在其附近搭建积木)创造间接互动机会。关键转折点出现在教师持续提供"无条件的积极关注":即使幼儿推开安抚的手,也坚持每日三次温和问候("你今天带了新书包吗?"),逐步瓦解其心理防御。当幼儿开始主动触碰教师摆放的玩具,即标志着依恋破冰的开始。

针对不同依恋类型的支持策略需遵循"个性化响应"原则:对安全型幼儿侧重探索支持,对焦虑型幼儿强化可预测性,对回避型幼儿保持耐心等待。教师需定期记录幼儿的"依恋行为日志",捕捉关键转变节点(如首次主动牵手、独立参与集体活动),据此动态调整互动模式,最终帮助所有婴幼儿在托育机构中建立安全的情感基地。

四、促进0～3岁婴幼儿社会交往的策略

(一) 建立安全的母婴依恋

母婴依恋是宝宝和母亲之间建立的一种特殊的情感纽带,对婴幼儿的成长和心理健康至关重要。作为母亲,可以与婴幼儿多进行肌肤接触,肌肤接触能让婴幼儿感受到妈妈的爱和温暖,是建立母婴依恋的有效方式。无论是抱一抱、亲一亲,还是一起睡觉,都能加深彼此的情感联系。母乳喂养也很重要,母乳喂养不仅是给婴幼儿提供营养,更是情感交流的宝贵时刻。每次哺乳都是加深母亲和婴幼儿之间情感纽带的机会。即使选择奶瓶喂养,喂奶时也可以全身心投入,通过眼神交流、温柔的话语,建立亲子依恋关系。除此以外,还要尽可能多地陪伴婴幼儿,和婴幼儿一起玩耍、说话、对视,这些都能让他们感受到母亲的关注和爱。作为母亲,要保持对婴幼儿需求的敏感和耐心,及时察觉婴幼儿的情绪变化,给予适当的安抚和关爱。当婴幼儿哭闹时,及时响应他们的需求,无论是饿了、困了,还是想要抱抱,都要尽快满足,让婴幼儿知道母亲一直在身边。在交流互动时,也可以和婴幼儿之间形成独特的交流模式,比如特别的指令、歌谣或者游戏,这些都能让婴幼儿更加依赖和信任妈妈。良好的母婴互动模式,是婴幼儿从家庭向社会扩展、建立良好社交能力的基础。

视频

如何建立安全型依恋?

（二）重视父亲对婴幼儿的陪伴

婴幼儿时期,父亲的陪伴对婴幼儿的成长有着不可替代的作用。在婴儿期,父亲可以通过多与幼儿进行眼神交流、说话、抚摸等方式来增进亲子关系。比如,在婴儿清醒的时候,多和他说话,模仿他的声音,或者为他读绘本、讲故事,这都能丰富婴幼儿的语言环境,促进他的语言发展。在婴幼儿年龄大一点的时候,父亲可以和他们一起玩亲子游戏,如躲猫猫、搭积木、玩拼图等,不仅能让婴幼儿感受到游戏的乐趣,还能锻炼他的思维能力和动手能力。并且,在日常生活中父亲可以给予婴幼儿更多的陪伴,比如一起洗澡、一起刷牙洗脸、一起睡觉等。天气好的时候,父亲可以带婴幼儿去户外散步、放风筝、骑自行车等,让婴幼儿亲近大自然,锻炼身体,以上这些都能增进父子之间的情感。

（三）帮助婴幼儿开展同伴交往

良好的同伴关系不仅能帮助婴幼儿形成积极的情绪情感,还能促进他们的社会认知、亲社会行为等多方面的发展。作为教师、家长或照护者,首先,应该为婴幼儿创设一个平等自由、宽松愉快的同伴交往环境。这包括提供一个轻松、愉快的精神环境,以及丰富的游戏材料和活动区域,并在其中鼓励婴幼儿之间的互动和合作。其次,由于婴幼儿的交往技能比较缺乏,还要注重培养他们的交往技能,引导婴幼儿的交往行为。比如,教会婴幼儿一些基本的交往用语和礼仪,如礼貌用语、分享、合作等,同时引导他们学会处理冲突和矛盾。对婴幼儿在同伴交往中的表现给予积极的反馈和评价,帮助他们建立自信心和积极的自我形象。再次,尽可能多地让幼儿参与集体活动,如游戏、运动、手工制作等,这有助于培养他们的团队精神和合作意识。

（四）构建积极的师幼关系

托幼机构的照护者在照护婴幼儿时,要保障他们安全活动,与他们建立温暖和谐的关系,支持他们去探索,给予他们足够的关心和包容。照护者对婴幼儿的关心可以通过语言、动作、表情等方式来表现,让婴幼儿接收到关爱的信息。比如,照护者可以在早上和每个孩子打招呼,让婴幼儿感受到自己被关注;陪在婴幼儿身边,让他们感受到照护者可以随时回应他们的需求;和他们说话,给他们唱歌;心情不好时给他们拥抱,当他们长牙或者伤心时,让他们感到舒适;了解他们,知道他的家人甚至兄弟姐妹的名字,以及他有什么喜好等。除此以外,还要给予婴幼儿积极地回应,根据婴幼儿的个体差异进行有针对性的照护和教育。在一个温馨和谐的探索型托育环境中,让婴幼儿感知到"我被尊重、我被喜爱、我是有能力的学习者"。

育儿宝典

如何给宝宝找朋友

0～3岁是培养宝宝们社会交往能力的重要时期。发现宝宝不合群并不可怕,但要意识到:是时候帮助宝宝交朋友了。也许您的宝宝在交友方面的确有困难,那么父母就要给宝宝适当的指点和帮助。

说到帮助,事实上,并没有什么特殊的方法可以强制宝宝参与社会交往,但作为父母,我们可以为宝宝创造条件,帮助宝宝寻找朋友,使宝宝真切地感受到原来有朋友真的很快乐。

那么如何来打造我们的"社交宝宝"呢? 这里倒是有两条锦囊妙计。

妙计一:邀请宝宝的朋友来家做客

一旦宝宝有了朋友,哪怕只是一个,马上邀请他到家里来玩。趁着这个机会可以教宝宝学习待客,学习帮助别人,学习分享玩具。如果宝宝将好吃的食品与小朋友一起分享,父母要及时给予表扬和鼓励,这样会大大激发宝宝与同伴长期友好相处的愿望。同时,父母还可以在家里开辟出一个"游乐场",让宝宝和他的小朋友一起在里面玩。要注意的是:在游戏的过程中,一定要密切注意宝宝的反应和心情,一旦他们发生摩擦、发脾气开始吵闹时,父母要适时制止并进行正确的引导,告诉宝宝在交友中什么是应该的,什么是不应该的。

妙计二:给宝宝做个好榜样

父母的态度和行为对宝宝社交能力的培养也非常重要。在日常生活里,家长应该言传身教,在潜移默化中,宝宝也可以学习一些待人接物、交流合作的社交技能。有了父母良好的榜样,宝宝也会学着用同样的态度对待他的同伴。

有的父母认为宝宝还小,没有自己的思想,事事都为宝宝拿主意,做决定,其实不然。父母一定要尊重宝宝的意见和看法,让他从小就感觉到被尊重,这样,他自然而然会学着尊重他人,而这恰恰是交朋友的前提条件。

任务思考

1. 名词解释:依恋。
2. 简述 2～3 岁幼儿的同伴关系的特点。
3. 简述婴幼儿依恋行为的阶段及其特点。

实训实践

实训实践任务

1. **任务名称**　观察、分析和指导婴幼儿同伴交往。

2. **任务内容**　在见实习期间,观察班级婴幼儿同伴交往情况,进行记录和分析,并提出有效指导策略。

3. **任务要求**

(1) 客观记录婴幼儿的交往对象、交往事件、交往频率等,内容简要,信息丰富;

(2) 针对婴幼儿在交往中的表现进行分析,分析恰当,有一定理论依据。

4. **任务目标**　依据所学准确分析婴幼儿在同伴交往中表现出来的特点,并能够提出有效的促进策略。

5. **任务准备**　笔、记录本、录音笔或摄像机。

6. **任务实施过程**

(1) 复习项目内容,选择记录对象;

(2) 根据前期经验,计划观察要点;

(3) 避免干扰婴幼儿,简要记录内容;

(4) 整理资料,形成文本,见表 4 - 4 - 1。

表4-4-1 观察分析和指导婴幼儿的同伴交往

观察时间	年　　月　　日　星期　　午 ___时___分—___时___分		
婴幼儿姓名、年龄		交往对象	
观察事件			
观察记录			
分析			
策略			

📖 **赛证** **链接**

1. 有些婴幼儿既寻求与母亲接触,又拒绝母亲的爱抚,其依恋类型属于(　　)。(2020 年下半年《保教知识与能力》单选题)

　A. 焦虑回避型　　　B. 安全型　　　　C. 焦虑反抗型　　　D. 紊乱型

2. 与婴儿最初的情绪反应相关联的是(　　)。(2022 年下半年《保教知识与能力》单选题)

　A. 生理的需要　　　B. 归属和爱的需要　　C. 尊重的需要　　D. 自我实现的需要

3. 一般来说,在婴幼儿出生后的两年中,不容易观察到的情绪表现是(　　)。(2023 年下半年《保教知识与能力》单选题)

　A. 惊喜　　　　　　B. 害羞　　　　　　C. 内疚　　　　　　D. 焦虑

4. 幼儿在受到过度表扬,或被要求在陌生人面前表演自己时,会明显感到不好意思,这反映了幼儿(　　)。(2024 年上半年《保教知识与能力》单选题)

　A. 自我意识的发展　　　　　　　　B. 自我控制的发展

　C. 积极情绪体验的发展　　　　　　D. 合作行为的发展

5. 一个人表现出来的区别于他人的稳定的、独特的、整体的心理和行为模式是(　　)。(2024 年上半年《保教知识与能力》单选题)

　A. 气质　　　　　　B. 性格　　　　　　C. 个性　　　　　　D. 社会性

在线练习

参考文献

[1] 孟昭兰. 婴儿心理学[M]. 北京:北京大学出版社,1997.

[2] 庞丽娟,李辉. 婴儿心理学[M]. 杭州:浙江教育出版社,1993.

[3] 唐林兰,陈小艳. 学前儿童发展心理学[M]. 西安:陕西师范大学出版社,2013.

[4] 陈帼眉,冯晓霞,庞丽娟. 学前儿童发展心理学[M]. 北京:北京师范大学出版社,1995.

[5] 陈帼眉. 学前心理学[M]. 北京:人民教育出版社,2003.

[6] 王振宇. 儿童心理学[M]. 4 版. 南京:江苏教育出版社,2011.

[7] [美]伯顿·L. 怀特. 从出生到3岁——婴幼儿能力发展与早期教育权威指南[M]. 宋苗,译. 北京:北京联合出版公司,2016.

[8] 李燕,赵燕. 学前儿童发展心理学[M]. 上海:华东师范大学出版社,2008.

[9] 周念丽. 学前儿童发展心理学(修订版)[M]. 2 版. 上海:华东师范大学出版社,2006.

[10] [美]蒂法妮·菲尔德. 婴儿世界[M]. 李维,译. 成都:四川教育出版社,2006.

[11] 张挚,陈静. 婴幼儿养育指南[M]. 北京:中国妇女出版社,2006.

[12] 陈帼眉. 学前心理学[M]. 北京:北京师范大学出版社,2000.

[13] 张文新. 儿童社会性发展[M]. 北京:北京师范大学出版社,1999.

[14] 谢鹏,林义雯. 0~3岁婴幼儿科学养育(修订版)[M]. 2 版. 长沙:湖南科学技术出版社,2005.

[15] 郑健成. 学前教育学[M]. 上海:复旦大学出版社,2005.

[16] 教育部基础教育司. 幼儿园教育指导纲要(试行)解读[M]. 南京:江苏教育出版社,2002.

[17] 林吟玲. 婴儿教养指导手册[M]. 厦门:厦门大学出版社,2008.

[18] 秦瑞利. 2 岁育儿方案[M]. 北京:中国妇女出版社,2007.

[19] 李洪曾. 学前儿童家庭教育[M]. 大连:辽宁师范大学出版社,2002.

[20] [美]劳拉·E. 贝克. 儿童发展(第五版)[M]. 吴颖,等译. 5 版. 南京:江苏教育出版社,2012.

[21] 秦金亮. 儿童发展概论[M]. 北京:高等教育出版社,2008.

[22] 张文军. 学前儿童发展心理学[M]. 2 版. 长春:东北师范大学出版社,2017.

[23] 周兢. 零岁起步——0~3岁儿童早期阅读与指导[M]. 深圳:海天出版社,2016.

[24] [美]斯蒂文·谢尔弗. 美国儿科学会育儿百科[M]. 陈铭宇,周莉,池丽叶,等译. 6 版. 北京:北京科学技术出版社,2016.

[25] [美]简·尼尔森. 正面管教[M]. 玉冰,译. 北京:京华出版社,2009.

[26] 李甦. 探索儿童的绘画世界[M]. 上海:华东师范大学出版社,2017.

[27] 刘婷. 0—3岁婴幼儿心理发展与教育[M]. 上海:华东师范大学出版社,2021.

[28] 文颐. 婴儿心理与教育(0~3岁)[M]. 2 版. 北京:北京师范大学出版社,2015.

[29] 白丽辉,齐桂林. 学前心理学[M]. 南京:东南大学出版社,2015.

[30] 上海市教师教育学院. 上海市0—3岁婴幼儿发展要点与支持策略(试行稿)[M]. 上海:上海教育出版社,2024.

[31] [美]约瑟夫·克奈尔. 与孩子共享自然[M]. 郝冰,译. 北京:九州出版社,2014.

[32] 张小民,陈国鹏. 儿童感觉统合理论与实务教程[M]. 上海:上海教育出版社,2019.

[33] [英]琳恩·默里,[英]莉斯·安德鲁斯. 婴儿心理学:关于婴儿哭闹、睡眠和安全感的秘密[M]. 袁枫,译. 北京:北京科学技术出版社,2022.

[34] 张明红. 0—3岁婴幼儿语言发展与教育[M]. 上海:华东师范大学出版社,2020.

[35] 朱蓓凌. 儿童入园适应心理分析[J]. 幼儿教育,2007,(Z1):38-39.

[36] 赵佳,方格. 婴幼儿自传体记忆研究的现状及展望[J]. 中国特殊教育,2005,(09):86-90.

［37］ 林筱泓.浅谈幼儿社会性交往能力的培养［J］.教育评论,2002,(01):115-116.

［38］ 陈卫红.促进幼儿社会性发展的探索［J］.教育评论,2002,(03):72-73.

［39］ 高杨,阙可鑫,Stella Christie.为什么婴幼儿爱问"为什么"［J］.早期儿童发展,2022,(01):24-35.

［40］ 马林阁,梁宗保.师幼关系与儿童社会适应研究概述［J］.幼儿教育,2016,(12):42-45+51.

［41］ 朱红英.0—3岁婴幼儿精细动作发展的促进策略研究［D］.东北师范大学,2011.

［42］ 顾静.0—3岁婴幼儿亲子阅读现状调查［D］.四川师范大学,2018.

［43］ 国家卫生健康委员会.托育机构保育指导大纲(试行)［EB/OL］.2021-01-12.国卫人口发〔2021〕2号.

［44］ 国家卫生健康委员会.3岁以下婴幼儿健康养育照护指南(试行)［EB/OL］.2022-11-19.国卫办妇幼函〔2022〕409号.

图书在版编目(CIP)数据

婴幼儿心理发展/陈雅芳,颜晓燕总主编;孙蓓主
编.--上海:复旦大学出版社,2025.7.--ISBN 978-
7-309-18043-5

Ⅰ.B844.12

中国国家版本馆 CIP 数据核字第 2025K8C461 号

婴幼儿心理发展

陈雅芳　颜晓燕　总主编

孙　蓓　主　编

责任编辑/颜萍萍

复旦大学出版社有限公司出版发行

上海市国权路 579 号　邮编:200433

网址:fupnet@ fudanpress.com　http://www.fudanpress.com

门市零售:86-21-65102580　　团体订购:86-21-65104505

出版部电话:86-21-65642845

上海丽佳制版印刷有限公司

开本 890 毫米×1240 毫米　1/16　印张 8.25　字数 211 千字

2025 年 7 月第 1 版第 1 次印刷

ISBN 978-7-309-18043-5/G·2707

定价:36.00 元

如有印装质量问题,请向复旦大学出版社有限公司出版部调换。

版权所有　　侵权必究